跟孩子一起玩數學

唐宗浩 著

目　錄

CHAPTER 1

數學教育自己來

- 我為什麼會走上數學教育這條路，而且走的是一條不太一樣的曲折路？
- 重建基本觀念——藉著陪孩子學數學，自己也重新面對數學
- 親子數學的基本方法

先說我自己

在分享數學教育的方法前，我想先用一個小節，講講我自己的故事，為何會走上數學教育這條路。

這故事很長，一言難盡。

我從小就被認為是數理資優生，但是求學的過程很曲折。

我遇過一些很好的老師，幫助我建立了基礎的觀念、主動探索的習慣、嚴謹的推理和較寬的視野；也遇過一些不當教學和學習上的挫折無助。

在這個過程中，我很感謝我的父母，沒有把他們當年學數學時，遇到不當教學而產生的恐懼經驗複製下去。

後來我從事獨立教育工作，以數學診斷助人時，他們還願意讓我運用診斷式教學的方法，重新經驗一次數

學，解開過去不好的經驗，創造新的好經驗。

我父母都是社會上很有成就的人，但可能是當年的教育環境的關係，在數學方面的經驗並不好。後來我發現那似乎是一個時代的教育問題。很多我認識的社會賢達，青少年時的數學學習經驗，都很不好。這顯然不是個人問題，也不是聰明才智的問題，是制式的教育方法出了問題。

觀點人人相近，方法各自不同。我看別人的課堂，都不問他的理念，都是看現場、看方法。理念講得好聽，誰都會，方法要做得到，才是踏實。所以這本書不是在講建構式數學，而是在講診斷式教學，講具體的互動八法。

互動八法是以建構觀為基礎，在教學互動中，一次一次實踐調整、具體結晶出來的方法，適合個別與小團體，尤其適合親子數學時間。

至於大班級的經營，涉及分組技巧和空間設計，在互動八法之外，礙於篇幅，本書著墨較少。讀者有興趣

我念高中的時候，正好是台灣「建構式數學」改革的時期。「建構式數學」被媒體罵得半死，而學者專家則極力澄清是因為老師不會教、曲解了它的原意，才導致問題叢生。

但究竟什麼是建構式數學，今天還是很多人搞不懂。

其實，數學就是數學，沒有什麼建構式數學。「建構觀」只是一種教學者的態度，認為學生是主動的探索者，在建構自己的知識體系，像是在搭鷹架蓋房子那樣。所有的教學，以這個觀點為前提出發。

問題來了，這個觀點很真實，但這可以帶出什麼樣的教學法？大家不知道，所以還是教不好，或是變成講一套、做一套。

可參考《數學教育的藝術與實務——另類教與學》（林文生、鄔瑞香著，心理出版》。

寫書之時，遇到最大的困難是，書是單向的，沒有辦法將一來一往的診斷式教學，直接實做出來。因為閱讀不是即時的雙向互動，互動八法中，沒有一法能派上用場。

因此，希望家長不要只是看過就算，要真的和孩子互動，在互動中創造一手經驗，那才是最珍貴的。我寫的文字，就請當作是一個提示和教師端的經驗參考吧。如果在讀者的一手經驗中，發現不合用的地方，就請以自己的一手經驗為準。書是拿來拓展自己，不是拿來框住自己的。

我在高中時，正好也是台灣剛開始推「一綱多本」的時候。從單一部編版，到由教科書出版社寡佔的教材生態，吸引了許多有識之士，投入教材的編創，也造就了一些編得很認真的教材。

但後來，隨著課綱一改再改、教科書也得跟著改，我的觀察是，教科書急就章、失去知識形成的脈絡、參考書化的情況也愈來愈嚴重。

我大學念了四年半，一年念心理系，之後三年半轉應用數學系，中間因病休學過半年。轉系是因為覺得心理學比較能夠自學，而高等數學的自學方式，當時我還沒找到。

與社會科學、商學院與傳播學院相比，理學院的應數系可以說是個大當鋪，要及格並不簡單，有些必修課還可以一次當掉甚至一半的同學。

當時我在協助系上兩位同學複習「抽象代數」準備考試時，發現一件影響後來深遠的事：才智也好、努力

也夠的人，卻會因為方法不對而學不會，甚至自認為數學不好。

當努力不得其法，把焦點放在題目，就會迷失；換了方法，回到基本概念，從頭搭建起，並用實例和圖象來掌握要領，把概念不清的地方都補起來，就能事半功倍。

在後來多年的經驗中，我遇過不少被學校、被補習班放棄的學生，以及成績在谷底或是及格邊緣的人，或是一般所謂的特教生。

這些飽受挫折的學習者，都願意努力。他們不是不努力，而是方法不對，或是被環境所干擾和限制。嚴重的甚至不知道自己哪裡會、哪裡不會、哪裡只是一知半解。

在一次又一次的互動經驗中，我很確定一件事：數學不好，九成九都不是才智、也不是努力的問題，是學習方法和教學互動的問題。

學習方法和教學互動改善，問題就會解決。當學習者從苦於備考，到樂在學習，那個感動和喜悅是難以言喻的。

這是一個整體系統的工作，並不是靠單一的老師可以達成，家庭的支持非常關鍵。

「協助人從學不會，變成學得會。從苦於備考，到樂在學習。」

診斷式教學，就是這樣的方法，而且人人可以實行。讀者不需要念過理工科系，也可以實行。家庭的支持和教師的助力能夠一起協助孩子成長，就會發生美好的奇蹟。

帶著深切的祝福，邀請讀者來認識互動八法。

陪孩子重新學數學

坊間寫給學生的數學書參考書很多，寫給家長和老師使用的一對一互動書，真不多。

寫給學生的數學書，有些是題目集錦、有些是幻想故事、有些是別的國家的算法介紹、也有針對一兩個主題深入探討的書。有些像是演算練習本、有些則以漫畫形式、彩色的插圖包裝，但是，相信很多家庭都有這樣的經驗：買回來，孩子不看！

為什麼孩子不看呢？

或許可以先問自己：我有沒有認真去看呢？我有沒有和孩子一起看呢？

其實，兒童、少年和青少年時期的孩子，最需要陪伴。

如果想要孩子把數學好，丟給他多少本書、送他去多少地方上課，都不管用。家長需要用一些時間，捲起袖子，陪他一起玩、一起創作、一起思考、一起討論、一起練習。

這個時間，可長可短，從每天五到十分鐘短短的遊戲或對話、偶而半小時一小時的共同創作，到一整天的體驗、好幾週的專題計畫都是好的。

有些家長真的這麼做了，安排了親子互動的數學時間，但是親子數學的時間，卻常以親子都不愉快收場。為什麼呢？因為光是時間還不夠，還需要有一些陪伴引導的方法，和一起學習的態度。

這方面怎麼參考呢？

坊間有不少談親子溝通的書，談如何正面思考、正向用語、開放式提問和耐心聆聽、明確表達等等。

9

這些正向溝通的習慣，在平常的生活對話，的確很有幫助。

但是，在教數學的時候，孩子不會就是不會啊？他的挫折感並不是來自溝通方式，而是來自「學不會」這件事。

父母的挫折感，大概也無關乎孩子的溝通方式，而是「教不會」這件事上。

正向溝通方式，在互動時很重要，但是光靠正向溝通方式，不足以創造好的親子數學互動。

所以，本書透過介紹「診斷式教學」，引入「互動八法」，協助你找到自己的力量，在數學時間，創造正向的互動和踏實的學習流動。

聽到陪孩子重新學數學，很多父母的第一反應是：

- 我以前數學就不好，這樣怎麼教？
- 我以前成績還滿好，可是不知道怎麼教？
- 我只知道要怎樣算，不知道為什麼，這樣怎麼教？
- 我不大會舉孩子能懂的例子，這樣怎麼教？
- 我不大能觀察和聽懂孩子的解題方法，這樣怎麼教？

如果父母有這類疑惑，那很正常。請別因此打退堂鼓，看完本書，相信讀者就會明白自己有多大的潛能可以發揮。

依照我過去和數百位學習者合作互動的經驗來說，家長有沒有時常和孩子有感性與知性上的互動、有沒有陪伴孩子一起學習，是孩子學習動力和學習成就的一大

關鍵。

根據經驗，父母自己如果不陪孩子學習，只送孩子去補習班、安親班和各種開發、動腦的課程，或是陪伴的過程太急躁敷衍，將會面臨很大的危險。

畢竟外面的教學再怎麼好，也不能取代家庭的支持。更何況，如果沒有參與孩子的學習，怎麼能分辨外面教學的好壞呢？

這些細緻的關鍵、潛在的危險，沒有陪孩子學習、只看表面成績、只看到孩子一去補習成績就馬上提高的父母，怎麼會知道呢？

這樣的家長，當後來孩子學習出問題時，反應通常都是「不知道問題出在哪？」「不知道為什麼會這樣？」

教育商品化的市場，像是一個雷區。

有些好的，但是也有很多是有問題的，外表也看不出來。有些業者把父母當「肥羊」，做表面工夫讓父母安心，等孩子出問題了，反正只要不違法，他也不用負責任，還可以跟家長編個理由，說孩子太難教或是資質不好，把責任推到不會抗辯的孩子身上。久而久之，胡謅就變成事實，孩子也以為自己就是數學不好，產生數學恐懼症。

太多的朋友跟我講到過去的學習經驗，孩子的數學，愈補愈糟。如果父母沒有充分的規劃、評估和參與、陪伴，花錢補習不僅沒效，反而更糟。

即使我自己的工作，我也要求家長一定要協同。或是參與教學現場，或是平常跟孩子要有知性互動。單純的外包，我是不接受的。

讓家長誤以為「不必操心，交給老師就好」的教育工作者，是很危險的。那會害了孩子。對於教學者來說，即使可以因此得到輕鬆的收入，也很難問心無愧。

有些老師表面上很有解題方法，但是喜歡用威權壓制學生的思考，結果學生反而被教笨了。

成績好但不會自己思考，是最危險的情況之一，因為一旦上了國中、高中，原本的方法不管用，要學新方法時，他缺少彈性，就會突然跟不上，成績下滑，信心一下子垮了。

我遇過好幾個一再換地方補數學的孩子，他們在每個地方問題都沒解決，因為班級課堂的老師和家教老師，都不知道怎麼去做倒溯式的診斷。事實上，他們只需要把握住互動八法中的「倒溯法」，就可以讓問題不致惡化。

即使是科班出身的老師，在接受教師培訓時，大都是著重班級經營、秩序管理、教材教法、心理輔導等等，沒有學習單一學門的診斷法。

目前在台灣，只有特教老師的培訓中，有包含相關的知能，也就是做個別化教育計畫（Individualized Education Program，ITP）的能力。

但是特教老師通常比較缺少完整的數學概念，除非重新把數學概念弄清楚，否則還是難做精準的數學診斷。

看到這裡，讀者可能會想：大部份專業的老師都做不好診斷，那我怎麼能呢？

其實，診斷式教學是一個過程，一個一起學習、一起成長的過程。在這個互動的過程中，一開始可能不太順，等到經驗累積，就會愈來愈順利。重點是在互動的過程中，讓孩子學會、樂在學習。

老師和學生的相處比較短暫，父母則是全面的。這就是為什麼很多老師做不到的，父母就做得到。

當父母和孩子經驗到良好的互動過程，持續累積，父母對孩子的學習支持與瞭解，就會超過所有的專業工作者，包括我在內。

那時，專業工作者就只是一個從旁參照的角色，提供一些可能父母沒有留意的點、或是引入一些新的學習管道、學習資源。

因為父母有真實的互動、有一手經驗、觀察入微，就不會被專家的意見牽著跑，也可以在孩子的安排上趨吉避凶了。

親子數學的一對一互動，往往玩了好幾種不同的遊戲、試好幾種不同的角度，才找到問題點，加以協助克服，孩子還是會很高興。

最重要的不是診斷的速度，而是透過親子數學的互動，不再只看表面成績，而能真實看到孩子的學習歷程、看到他的努力與困惑，給予實際的協助。

讀者也不會覺得有關孩子學習的疑惑都一定要問老師。老師的觀點可以參考，但是父母也有互動的一手經驗，這就不會被牽著鼻子走，而能對等討論。

懂得如何陪孩子學習，才能靠著一手的經驗去協助孩子，在引借外力時，也比較能判斷他們是否適合，而不會被表面的宣傳給炫惑。

陪孩子重新學數學，難嗎？

其實「**陪孩子重新學數學**」，並不一定是要一直去「**教他數學**」。

陪孩子學習，可以適時採用三種不同的姿態：

- **引導者姿態**：當孩子還小，學習的內容父母也都熟悉，可以設計活動帶他玩、設計題目給他做，做為一名引導者，孩子是跟隨者。
- **共學者姿態**：當孩子大一些，學習的內容可能父母也有一點不熟，這時可以當孩子共同學習的夥伴，一起找資料、一起做實驗、一起討論。
- **學習者姿態**：當孩子更大一些，或許他在投入的領域上，會的已經比父母還多了。這時，父

母可以當聆聽者，聽他組織、整理、表達他的知識，並且透過提問，讓他有機會有反思和整理。

很多家長在親子數學時會有壓力，是因為放不下「引導者姿態」。

其實，父母不需要什麼都會。當孩子問出父母也不會的問題時，讓自己轉成共學者姿態，一起研究，就不會有壓力，也達成了有品質的陪伴。

父母的陪伴與協助，可以及時幫孩子解決小問題，也可以讓孩子發展出有效的學習策略，更能獨立解決問題。

以共學者的身分陪伴孩子時，對孩子的幫助也很大，絕不亞於引導者。

想想看，孩子的資源有限、視野有限，遇到困難常常不知道怎麼解決。如果問老師，而老師又不願或無法回答，很容易就有挫折感。

一直沒解決的困惑和不扎實的概念，很容易就累積出問題，沒有解決，就成為知識體系的洞。

為什麼很多孩子到了國高中就放棄數學？並不是他們笨，而是長久下來累積的問題沒得到解決，到國高中的階段一次爆發而已。

如果得到父母的協助，有些問題上網查個關鍵字，陪孩子一起讀就能解決；有些使用「自由數學freemath」以及其他網路上的免費教材就能克服。

即使父母過往的數學成績不甚理想，成人蒐集資訊、組織判斷和閱讀的能力，還是能發揮重要的陪伴與支援的作用。這些都能成為孩子非常重要的學習助力。

所以，試試看，當孩子的 Power 爸媽，數學教育

DIY 不求人！

數學是什麼？

一般人常以為數學就是計算。對我而言，計算只不過是解決問題時的諸多過程之一而已。

在觀察秩序、建立模式、解決問題和精準溝通等方面，有許多美妙之處。在純粹的計算中，是無法體會的。

對我來說，「數學」——數學思維和數學活動——至少包含以下四件事：

一、觀察秩序：

〔2, 5, 8, 11, 14,...〕這個數列有什麼秩序？

雜木林中，蕨類、草、灌木、喬木、苔蘚和蕈類的分佈，有什麼秩序？

太陽的升降，月亮的圓缺，星斗的轉移，有什麼規律？

很多人會說「我不喜歡數學」，但我相信，很少人會說「我不喜歡找秩序」。

事實上，觀察秩序是人從出生就一直在進行的活動，對未知感到好奇，「這是什麼？那是什麼？為什麼這樣？為什麼那樣？」不停地問。

二、建立模式：

如何計劃一趟深度旅行？

如何懂得風的流動？

看到複雜的現象，就想要找簡單的模式來統馭它。略去不重要的細節，專注在有用的結構。不只是數學和

自然科學，社會科學也是在做這樣的事情。

就連居住空間的設計，也是考慮光線、風、水、溫度、聲音、動線等因素，來建立模式，才好分析。

玩桌上遊戲也常常是要建立模式、權衡價值。模式讓我們以簡御繁。

好的數學課會培養學生從頭建立模式的能力，但是許多數學課只是讓學生一直模仿別人的模式，所以就錯過了培養創造力的機會。

有人會覺得：數學課和創造力有什麼關係？數學不就是背和算嗎？那就是因為沒有遇過好的數學課堂。

如果他經驗過「觀察秩序」、「建立模式」，在發現與創造中感受「主動思考、客觀驗證」的快樂的話，就不會有這樣的困惑了。

三、解決問題：

如何存放食物比較不會壞？

如何維持運動和睡眠的品質？

如何尋找快捷的交通路線？

在日常生活中，我們有數不清的問題，在一件一件解決。

社會也有社會的問題，例如：如何讓失業的情況緩和？

如何避免核電場爆炸？

如何增加國家的糧食自給率，避免未來的糧荒？

如何減少土壤的毒化？

如何做好山林地的水土保持，減少土石流的危害？

石油終將用盡，怎麼辦？

如何守護尊重自由的生活，避免被高壓的政權宰

制？

社會的問題，幾乎每一個都是複雜的，但都不是不能解決的。

要解決複雜的問題，除了領域的專業知識之外，還需要系統思考、周密推理、實事求是的能力和態度。

這樣的能力和態度，正是一個好的數學課所培養的，也是許多數學課所忽略的。

四、精準溝通：

如何讓圖表一目瞭然？

如何下達工作指令？

如何寫情書？

如何作筆記？

如何設計短講和簡報？

如何寫程式讓電腦執行？

人與人之間常常在溝通。溝通的前提是，對方不完全瞭解我，但是有一定程度的瞭解。對方和我不一樣，但是有些部份一樣。

如果讀者完全瞭解我，那我就不必開口，不必說話。沒有溝，所以也就不必溝通；反之，如果讀者完全不瞭解我，甚至語言也完全不一樣，那也沒有溝通的基礎了。就像人很少能和石頭溝通的。

溝通的過程都是為了傳達某種訊息，有些是字面的、有些是隱含的、有些是有邏輯條理的、有些是詩意的。

有詩意的訊息讓人感動，有邏輯的訊息讓人理解。

我們可以說，若把訊息抽去詩意的部份，其他就是邏輯的。如果訊息愈合邏輯，就會愈有條理、愈能夠讓

人理解；愈不合邏輯，就愈難讓人理解。

合邏輯的訊息，要用字精準、推論合理、脈絡清晰，這些正好都是數學證明的過程所練習的能力。

數學證明，包含各種公式的推導過程，就是一個邏輯溝通的過程。練習如何主動推導出證明，比練習套公式計算來得重要許多。

可惜目前的教科書中，小學不教證明、中學也只有國中有三角相關的證明、高中則常把證明和計算混為一談。

結果就是，很多習於套公式解題的學生，說不出為什麼負負得正、為什麼分數乘法是「分子乘分子、分母乘分母」、為什麼三角函數有六個而不是八個。

在考試體系下，其實人不會練習多少溝通。因為他只需要去「揣測」和「迎合」考題和背後的出題者。他不需要去「讓另一個人學會這項知識」，也就是不必溝通，也就是不必組織、內化和再創造。

溝通必然伴隨著組織、內化和再創造。所以我看過很多人是當了老師，開始教數學後，才開始重新學習和整理自己的數學知識。

我當學生時，曾在小組討論、上台報告、合作解題、相互教學的過程中，經驗過溝通與組織、內化、再創造。在教學的過程，也致力於運用各種不同的方式，創造出富含溝通的數學經驗。

我認為，雖然不是每個人長大都要念理工或資訊，但是，數學思維——如觀察秩序、建立模式、解決問題、精準溝通——在生活中大大小小的事情上，從晾衣服到煮飯、從旅行規劃到保險，還有各行各業中需要分析、組織、規劃、簡報的事，都會有幫助。

　　所以說，數學公式不一定要背很多，但是數學思維要有，而且還要從生活出發、跟不同領域結合。

　　既然數學不只是學校教的計算和解題，那麼，不妨再從生活中，每一次觀察秩序、建立模式、解決問題和精準溝通中，感覺看看，數學是什麼？

怎樣才叫學得好？

　　有人說：數學是詩的語言。

　　學一首詩，怎樣才叫學得好？

　　會背詩，就算學得好嗎？看來不是。

　　讀詩能瞭解每個用詞的意思、典故的出處，就算學得好嗎？好像接近一點，但看來也不是。

　　讀詩能領會其內涵、意境，能融入自己的生活、創作，這樣才是真的內化、學通了，不是嗎？

　　數學也一樣有這三個層次。

　　「會」一個單元，可能是第一層次的會、第二層次

我們不妨來做個小練習，體驗數學的四個面向。

第一步，先觀察以下數列的秩序。（觀察秩序）

1, 3, 5, 7, 9, 11, 13, 15...

第二步，試著把這個秩序寫下來，用文字或符號都行。（建立模式）

第三步，用你建立的模式，去算出從「15」，往後推一項的數字。

第四步，用你建立的模式，去算出從「15」，往後推三項的數字。

第五步，用你建立的模式，去算出從「15」，往後推 2013 項的數字。（解決問題）

第六步，用你的文字或符號，表達第二個數列（如下）的秩序，寫在紙上。

1, 4, 7, 10, 13, 16, 19, 22...

然後，找一個人，不給他看數列，而是看你寫的秩序，請他依照他解讀到的秩序，寫出這個數列來。

對照看看，他能否依照你的記錄，來還原出這個數列呢？（精準溝通）

的會或第三層次的會。

第一層次的會，是「會算會背」。

會算會背，也就是機械操作，電腦可以做到同樣的事。你會算 $\frac{2}{3} \times \frac{4}{5} = \frac{2 \times 4}{3 \times 5} = \frac{8}{15}$，上 WolframAlpha 網站，輸入同一個算式，它也會算出同樣的答案。

小朋友常問：計算機都會算，那我幹嘛要學？

我的回答往往是：會算不一定知道原理，而且計算機也是靠懂原理的人設計程式，才能運作。我們學數學，再套公式之前，首先要懂原理。

$\frac{2}{3} \times \frac{4}{5} = \frac{2 \times 4}{3 \times 5} = \frac{8}{15}$ 固然 WolframAlpha 可以算得又快又準，但如果進一步去問它「為什麼分數的乘法，是分子乘分子、分母乘分母？」機器是不會解說的。

如果別人輸入給他說明，那也只是硬背下來，並不是真的在解說。同樣的，光會算的人，可能不會解釋「為什麼可以這樣算」。

這就是人的學習和機械的學習的不同。我們不只會算，還會理解、組織、應用與創造。

所以學這些數學的原理，是為了滋養自己的思維方式和面對問題的態度與方法，並不是為了計算而計算。

「為什麼分數的乘法，是分子乘分子、分母乘分母？」這問題如果回來問人呢？

有些學生會回答「因為那是老師教的」、「因為是課本上寫的」。

遇到這樣的問答，我通常會說：「別的學問或許可以這樣，但是在數學上，老師教的、課本寫的，並不是充分的理由。老師可能講錯，課本也可能寫錯啊。要自己能解釋清楚，才是真的懂。」

這就是第二個層次。

「會解釋」也就表示已經達到理解的層次。

「會解釋」並不是要你把一個公式的推導過程從頭背到尾。從頭背到尾還是「會算會背」的層次，一定要能用自己的方式去說明、詮釋、畫示意圖，讓原本不會的人能瞭解，才是真正「會解釋」。

例如，分數概念和分數的加減乘除，有好種幾角度可以說明。有人喜歡畫圓餅、有人喜歡畫線段、也有人喜歡從碰運氣的機率問題，來看待分數。

愈多不同的角度去看待同一件事，我們的視野就愈寬。

從記憶的角度來說，有理解也比死背更容易記得。為什麼呢？

第一個層次，單元的記憶，是點狀的分佈，每一個知識單元互不相干。 到第二個層次，知識才會組織成體系，在腦中有機連結，變成網狀。

網狀的知識，比點狀的知識更有彈性，不容易忘。也比較輕鬆，就像提粽子頭比拿一堆個別的粽子輕鬆。它們相互串在一起，就容易透過聯想來組織記憶。

這就是為什麼有些人學數學，幾乎不用背多少東西，卻都記得，還能活用；有些人很用力死背，很用力寫習題，進步卻還是很有限的緣故。

那麼要如何知道自己有沒有達到第二個層次的學習呢？

用一般的考卷題本是測不出來的。選擇題、計算題都無法區別。最直接的方式是用問的。

「什麼是分數？」

「什麼是小數？」

這種問題，稱為 what 問題，問的是基本概念、基

本定義。

「我們如何建構出負數？」
「我們如何把分數都換成小數？」
這種問題，稱為 how 問題，問的是策略和應用。

「為何分數乘法，是分子乘分子、分母乘分母？」
「為什麼平面上的三角形內角和都是 180 度呢？」
這種問題，稱為 why 問題，問的是推理的過程。

what、how 跟 why 都是好的。它們可以幫助我們深入學習，建立第二層次的理解。

在互動過程中，可以自己先想過一遍，再丟出問題，和孩子一起討論。

如果是帶較大的班級，難以逐一詢問時，也可以用小組討論的方式，各組分別討論後把結果寫在小黑板上，帶上台來報告。

當觀念已建立到第二層次，只要做少量習題，就可以熟悉；反過來說，如果觀念不清，練一百道習題也弄不清楚。

如果孩子寫很多習題都卡住，或是重複發生類似的錯誤，請先放下題目，陪他回頭把基本觀念弄清楚吧！

第二層次是理解，第三層次則是創造。

不只理解，還能活用。觸類旁通、推陳出新、舉一反三。

第一和第二層次，都在面對已知的範圍。第三層

次，則是面對未知的能力。

創造力是人類的寶貴天賦，從嬰幼兒時期就不斷發展。嬰幼兒的思考很彈性，也有很豐富的創造動力，但是缺少創造的媒材和工具能力。

在成長與學習的過程中，知識增加了，而創造力能不能保留、發揚，還是會消褪呢？這取決於學習的過程中，有沒有思考和實驗的自由。

對創造力的培養眾說紛云，在數學的學習方面，可以確定的是：

一、第三層次是建築在第二層次之上。

二、這中間最關鍵的是學生的主動性。

要培養學生的創造力，教師不能要求學生一味摹仿老師的解題方式，也不能在一開始就要求標準作法和標準化的算式，才不會過度打壓他的主動性。

教師要先設計有意思的未知問題，比方說還沒示範過標準解法的問題。透過未知問題，引導學生從事思考實驗、觀察學生的手稿和思路，從中找到進一步引導和啟發的點。

孩子經驗了沒有標準作法的未知探索，有自己的試誤過程，即使最後沒有解出來，也沒關係。因為他主動探索過了，之後再聽到別人的講解時，就會比沒有想過，更能領會。

如果老師沒有這麼做，家長也可以這麼做。學生也可以自行培養創造力。

創造力跟興趣有關，興趣跟主動性也有關。

人對於有興趣的事，就能發揮創造力。有興趣的事，會勇於嘗試，也能忍受挫折。

俗語說：「學如逆水行舟，不進則退」。

對於有熱情的學習，恰好相反：「學如順水推舟，不退則進。」

教育，要以火點火，點燃學生的熱情，之後才能「順水推舟」：學生的主動思考能力愈來愈強，大人就愈輕鬆。

達到「順水推舟」的境界後，只要協助學生卡住的地方即可，其他自然流動，不必擔心。

要如何點燃孩子的熱情呢？熱情是有感染力的。

我記得 2003 年，我剛開始教數學的時候，經驗很少、學習曲線不大會拉、也不大懂如何兼顧個別差異，老實說，現在看來，教法還不大成熟。

有一次，一位學生私下跟我說：「老實說，上課有時候我會聽不懂。但是，我第一次遇到這麼喜歡數學的人。」

即使教材教法不熟達，熱情本身的感染，至少會讓人覺得「數學必有其意思，否則這個人不會那麼喜歡。」

就像人們用火來點火，薪火相傳一樣，要用人心，才能打動人心。

如果父母不喜歡數學，但是因為要教孩子，那麼最好要重新去認識數學，認識到喜歡上它。

讀者不需要攻克多麼高深的數學理論，可以就只是和孩子學習的步調搭配，重新慢慢認識以前學過的主題，用一種有意義、有思考和生活扣合的方式去咀嚼它們。

以前在帶教師成長的過程，曾遇到一位很認真、比我年長的老師跟我說：「宗浩，我知道你講的熱情是什

麼。我在教學時很用心設計很多道具和遊戲，但是我覺得小孩喜歡的是那些遊戲，不是數學本身。我對音樂有很大的熱情，但是對數學沒有，也不知道怎樣才會有。」

當時，我沒有辦法回答這個問題，只能含糊其詞：「要找到以前你學習數學時遇到挫折的地方，重新學習，就會好。」

現在，如果遇到同樣的問題，我可以很清楚地回答：「要找到以前你學習數學時，遇到挫折的地方，重新學習，就會好。」

答案沒有變。同樣的答案，只是背後的基礎更清明。

人天生就會好奇，沒有人天生討厭數學。人會討厭數學，都是由於後天的經驗在我們的思考上「點穴」，讓我們麻痺，動彈不得，腦袋當機。

要「解穴」就要回到被堵住的地方，在它的前後著手，推宮過血、舒筋活絡，讓氣從停窒轉為順暢，就恢復健康了。

身體如此，意識也是如此。人討厭數學，要嘛是覺得挫折、要嘛是覺得沒用、要嘛是覺得很煩。如果重新學習，很有成就感、很有用、又很清爽，麻痺就會逐漸解除。

有的人以前是在代數遇到挫折、有的人是三角函數、有的人是微積分。

我們最後一次學習某個學門時的感受，會決定之後我們對它的感受。

卡在哪裡，對數學的負面感受就會滯留在那裡。

把卡住的環節重新學好，麻痺就會解除，熱情就會

點燃。

章節導覽

本書第一章是引言、基本觀念和一對一的基本方法。

第二章〈互動八法〉介紹了八種具體的教學互動技巧。

第三章〈分辨警訊〉介紹了各種常見的學習警訊，以及如何辨識。

如果發現孩子出現了其中的狀況，及早發現、及早因應，就可以在問題還不嚴重時加以解決，避免拖延太久。

第四章〈成長軌跡〉以年段作排序，提供一個索引的骨架，接近一般學校的發展歷程。

當然，我們還是應該保持開放態度，畢竟不同國家、不同學制的軸線，都會有所不同。

每個孩子的性向和目標，也會影響學習的著重點，可能在某些地方比較快、有些地方比較慢。

例如，想走視覺設計的孩子，對數學的需求比較多是幾何圖形、對稱、樣式類的。

至於要走軟體工程的孩子，在邏輯、符號、函數和演算法上面，必須要掌握得比較清楚，收集資訊的能力也要比較強，對幾何、解析和微積分就不必很深入。

希望父母對於個別孩子還是保持敏感，對於各種變化的可能和軸線之外的例外，保持開放的心。

第五章〈處變不驚〉專門討論如何在數學教學上，發現和協助特教生，以及數學恐懼症的孩子。

一言以蔽之，就是當孩子肯努力，但是努力的進步

非常有限時，可能就有特殊的學習障礙，需要適性方法來突破，不能再一直用一般的方法，勉強他做徒勞無功的努力了。

第五章涉及特教和心理治療。特教是門很深很廣的領域，心理治療也是，很難把所有的重點都放進一個篇章。不過專書和科普讀物很多，請把本書的內容當作起點，而非終點，再去尋找適配自己需求的資源，深入探索。

這本書提供了一些知識、經驗、工具和方向，可以當作教學參考，但不是提供一個教學的必勝公式，事實上，也沒有這樣的公式。

教育是一門藝術，有通則、也有例外；有結構、也有破格；有計劃、也需要活出當下。

每個人的生命都不相同，所以對於大架構的瞭解，總是需要和對於當下的覺知相搭配，才能找到好的平衡。

每個人的未來目標不一樣，有些人可能中學就定向了。還有特教方面的特質，也會影響目標的訂定。

從個別化教育計畫（IEP）的角度，因為個別的目標和特質不同，每個階段需要學的東西、應該學到的程度也會有很大的不同。不一定同齡的孩子都一樣。

所以，讀者不要把本書當成公式寶典，而是試圖從中建立一種專注、覺知與平衡的態度。

帶著這樣的態度，就能在與孩子的真實互動中，陪伴孩子，一起經驗思考、發現、創造、應用的喜悅，用互動的一手經驗，整理出自己的心得和善法。

畢竟，每個大人、每個孩子、每個當下都是獨一無二的。

互動八法

- ·倒溯法
- ·前推法
- ·具體經驗
- ·繞道法
- ·反客為主法
- ·面對錯誤
- ·適度的練習
- ·互為主體、交互佈題法

一對一系列方法

古人說，見山是山，見山不是山，見山又是山。

教學的過程也是如此。一開始看到學習者，就是一個人；過幾年，看到學習者，就會看到他的學習風格、先備知識、主動性、外環系統、習慣和視野；再過幾年，看到學習者，又是一個人。

見山不是山的過程，有無數的道路、無數的法門。見山又是山時，就沒有道路，也沒有法門。

互動八法，也不過是一些方便法門，在見山不是山的過程中，可以參考活用吧。

親子數學的優勢之一，在於能用個別化的方式，去協助孩子。

很多在班級課堂沒辦法做的互動，在個別時間就能深入進行。

在扮演教師和學生的過程，我愈來愈相信，教育應讓人獨立，而不是愈來愈依賴。在台灣，數學教學被塑造成好像很難的東西，不是理工背景的人，往往不敢嘗試自己教小孩數學。

其實，沒有這麼難。

方法對了，就可以很簡單。

我從自己的學習經驗、教學經驗、跟課經驗與合作經驗中，整理出診斷式教學的互動八法。這些方法適合一對一的互動，也可以在小團體進行：

· 倒溯法
· 前推法
· 具體經驗
· 繞道法
· 反客為主法
· 面對錯誤
· 適度的練習
· 互為主體、交互佈題法

這八種診斷式教學法，總歸來說，就是十二個字：

回到起點。

經由互動。

一起學習。

倒溯法

「君子務本，本立而道生」──《論語》

我們在根本處工作。根本處好了，後面就一路順利。

在教小孩數學的時候，大家都有過這種經驗：講了好幾遍，小孩還是不會。

這種情況小孩挫折，大人也挫折。大人這時很容易出現情緒，或許會罵小孩笨。我也會遇到挫折，但是不會罵小孩笨。

罵小孩笨一點好處都沒有，還不如去想：怎麼讓他學會？

為什麼他肯努力卻學不會？為什麼這麼簡單的題目他就是搞不懂？十之八九，答案會是：先備知識有漏洞。

數學的知識像一張網子，又像一座多尖頂的塔。有學者用鷹架來比喻，很貼切。每一個知識的環節，都有幾個先備知識，而那些先備知識，又有各自的先備知識……先備知識不牢，要更上一層樓自然就會困難重重。

比方說：要學多位數的乘法（直式），需要哪些先備知識呢？

首先要先懂什麼是乘法、什麼是十進位系統，還要能掌握乘法的分配性（像 16 乘以 5，會等於 10 乘以 5 再加上 6 乘以 5），還有乘 10、乘 100 的特殊結果，另外也要會九九乘法表，才能作出完整正確的計算。

如果學生學習直式乘法有困難，我會問他先備知識

的問題，像是「12 乘以 100 ＝ ？」、「13 乘以 5 ＝ ？」或「會背九九乘法表嗎？」逐一去問，來瞭解是哪個環節有漏洞。

發現漏洞後，就去教漏洞處的知識。

如果經過一些引導，小孩就能懂，那就可以順利把漏洞補上。

如果還是不懂，那就重覆前一個步驟，再往回追溯更基礎的先備知識，一直追溯到數數兒都不為過。

這個過程同時是診斷，也是教學，相當重要。我稱它為「倒溯法」。

前推法

「牽一髮，動全身。」

當我們把一個環節弄通了，整體都可以有所改變。

倒溯法是從先備知識往前追，前推法則是往後推。

如果甲是乙的先備知識，乙就是甲的後續知識。

當一個知識環節有漏洞時，它的後續知識必然也不扎實。

比方說，同樣在處理直角三角形，三角函數的研究，用到了勾股定理，所以三角函數是勾股定理的後續知識。

如果學習者對什麼是勾股定理、如何推導都不清楚，那麼他在三角函數方面的知識，一定是結構鬆散的。

小學的乘法也是如此。如果連加法都不能掌握，就不可能掌握乘法。

這樣的小孩，就算會背九九乘法表，也只是死記下

來，因為他不瞭解乘法表裡的數學結構。

這不能怪小孩，因為他也不知道自己哪裡有漏洞、哪個環節不扎實。因此，才需要協助。

如果在教學過程中，用倒溯法找到一個根本的漏洞甲，也讓他學會了甲。那麼馬上可以知道，甲的後續乙、丙、丁，就可以當作接下來的教學目標。

打鐵趁熱，在剛剛明白甲的情況下，他在一貫的脈絡下，接著去學乙、丙、丁，肯定事半功倍。

而且學習乙、丙、丁的過程，會一直應用到甲單元的知識。透過應用來複習，是非常好的方法。

舉例而言，如果長方形的面積公式原理是漏洞，那麼補完它後，平行四邊形、三角形和梯形的面積公式原理，就是接下來的目標。

同樣的，如果國中一元二次方程式的配方法是漏洞，那麼補完它後，一元二次方程式的公式解就是接下來的目標。

其實，追蹤後續知識的方法，對需要延伸的小孩，也很有用。

資優與程度較高的小孩，常會覺得課內的東西太簡單、太無聊，沒法子填飽他的胃口。

如果只要原地打轉，丟同類型的題目給他們做，或只是出得更刁鑽，但沒有新概念的話，對他們來說，沒什麼成就感和學會新知的喜樂。

如果像一些所謂的資優班那樣，在同樣的小範圍中，出一堆鑽牛角尖的題目，在 98 分和 100 之間那樣的小範圍分數去斤斤計較，是抹殺他們的才智，會把聰明的孩子教笨。

透過前推法，可以找到他實際的程度，避免在已經

會的東西上打轉。我們可以一直前推到超出範圍，不受限於課本，接觸更深更廣的題材。這樣他們才會有真正的興趣和持續學會新知的成就感。

具體經驗法

「太上，不知有之；其次，親之譽之。」——《道德經》

如果學習的過程，並不覺得自己是在被教導，而是在主動探索的經驗中自然學會，是最好的了；次好的情況，才是感覺被很好的老師用很好的方法教導。

把倒溯法和前推法交互運用，可以在知識體系中織起密實的網子，搭起堅固的鷹架，補舊的破洞、做新的拓展。

不過，知識環節只是數學的骨架，而不是血肉。有時候會遇到這樣的情況：

「7乘以6是多少？」「七六……七六……不知道。」

「那你知道6乘以7是多少嗎？」「六七……六七……42。」

「7乘以6和6乘以7會一樣嗎？」「會。」

「為什麼？」「7個6和6個7一樣啊。」

在知識上，這個孩子懂得乘法的意義和交換性，但是這個知識並沒有內化、變成一種自然而然的感覺。

所以當他背不出「七六」的時候，不會想到用「六七」來替代。或者像是：「半斤是8兩，那麼一兩是幾斤呢？」「8斤。」「8斤？8斤比半斤多還是少？」「多。」「那怎麼會是8斤呢？再想想。」「嗯……要先除2再乘8嗎？」

這是量感的問題。

如果幫他把圖畫出來，他多半會算。但是他對單位之間的關係沒有感覺。

數學能力的血肉，就是這種感覺。對數字的感覺，長度、重量、時間、面積的感覺、均分的經驗、機率感、策略運用等等。

在國中小和學齡前，這種感覺主要是靠遊戲和具體活動來建立的。任何遊戲，只要用到策略，就和數學經驗有關。

不只是撲克牌、圍棋，連紅綠燈、大風吹、桌球、籃球，都是豐富的經驗來源。

單車、爬竿、捉蟲，用身體得到的經驗，也相當寶貴。

數學並不是加、減、乘、除、算一算答案，那叫算術；也不是公理、定義、定理，那叫公理系統。

數學是在尋找變動的世界背後，不變的秩序，並且把它用符號表現出來，讓大家都能理解、運用。

因此，很多看起來不是數學的東西，都能提供富豐的數學經驗。

以廚藝為例。看食譜、考慮人數，是比例的經驗；不同大小的匙、量杯一杯和一格的區別，是單位的經驗；切菜、切蛋糕，是分數的經驗；火候的調控，是時間與函數的經驗。

在測量麵粉重量的時候、在目測木耳絲長度的時候，就經驗到數學；在設定烤箱溫度的時候、在把蛋汁打勻的時候，就經驗到數學。

每一種工藝，每一樣文明的產物，都有它的秩序、策略和條理。

小孩在從事它們的時候，並不會說「啊！這是分

數」、「啊！這是比例」、「酷！座標變換！」。

但是，無論是廚藝、武術、縫紉、繪畫、魔術，這些動手又動腦的經驗，都會使小孩的數學感變得豐富。

具體經驗，實際動手操作，是最具體的了。再抽象一層是圖象。再抽象才是算式。

所以操作的經驗要夠，再去化成圖象；圖象的經驗要夠，再去化成算式。

看到同樣的算式，背後有豐富的數學感，就不覺得難懂。

學以致用，用以治學。從生活中去操作、應用數學，孩子才不會一直追問：數學有什麼用？

繞道法

「明修棧道，暗渡陳倉。」

當表面的道路行不通時，我們就從另外一條路，暗渡過去。

除了倒溯、前推兩種整理知識體系的方法，還有如何用具體經驗建立數學感。

這三種方法，在指導不排拒數學的小孩時，已經很夠用了。

不過呢，對於排拒數學的小孩，還不足夠。他往往一看到 sin、cos 或是聽到「小數除法」就馬上腦袋打結，變得一片空白，無法運作。

這種情況完全是心理障礙。這個心理障礙應該被瞭解、被尊重。

就像被狗咬過的人會怕狗、被虎頭蜂螫過的人會怕蜂一樣。學數學的過程中，曾遇過巨大的挫折或羞辱的

人，當然會怕數學。

恐懼會使人無法正常反應，原本會的都想不起來、簡單的都無法理解。因此，遇到孩子有心理上的難關時，硬攻可能導致全面的挫敗。與其花大力去攻他害怕的舊主題，還不如先著力於新的主題，創造新的美好經驗。

在新的主題上，重新建立成就感，可以慢慢消解掉對數學的恐懼，讓腦袋能夠轉動。只要新的主題和舊的主題相關，這種成功經驗就可以過渡。

比方說，雖然通常是先教分數、再教小數。但如果小孩怕分數，又沒學過小數，就可以先不管分數，直接教小數。

因為小數可以透過尺上的刻度來教，對懂得十進位的小孩，非常自然，所以不難學會。

等到學會小數的概念後，再來學他所怕的分數，也就不那麼難了。

因為小數是十等分、百等分、千等分；分數只是換成二等分、五等分之類的罷了。

像 0.3 就是 $\frac{3}{10}$、0.16 就是 $\frac{16}{100}$、0.5 就是 $\frac{5}{10}$、也是 $\frac{1}{2}$。

有小數概念和刻度尺（數線），要理解分數自然事半功倍。

在倒溯和前推時，我們似乎有一個固定的先備後續地圖，在繞道法時，我們會看見這個地圖並非一成不變，是可以動的。

就像分數和小數的例子，必要的時候，先後順序調換也是可以。

我也試過不使用「除法」這個名字和相關的符號，

直接用「平分」、「64 人，3 人一排，能排幾排？剩幾人？」之類的問題，讓怕除法的小孩願意去思考除法。

心理障礙很微妙。每個小孩情況不同，有時候把舊的主題換個名字，暫時不使用符號，或是編入遊戲之中，換湯不換藥，也就能繞開了。

數學的知識體系是網狀的，不是一直線向上。大部份的知識環節之間，都沒有「先備—後續」關係。

因此，不必太執著於「幾年級」的範圍。

只要是小孩不怕、有興趣、能理解的就好，課本把它編在幾年級並不重要。面對心理障礙時，這種「先著力於新主題，再回頭補舊主題」的策略，我稱為「繞道法」。

反客為主法

「人都願意改變，只是不喜歡被改變。」

對學習者來說，能自己發現自己的不足，當然是比一路被指摘來得好。

這裡介紹一種和倒溯、前推相關，但是更強力的方法。這也是我最喜歡的方法。

反客為主法，就是由學習者透過扮演「老師」的方式，檢查自己的學習。

在比較小範圍的情況下，原本是老師出題、老師改答案。我發現，請孩子扮演老師，出題目給大人或朋友做，並且自己去檢查答案時，他會很專注在組織、觀察和創造。

能出得了題目，多半就能做得了題目，因為已經站

在出題者更高的視角。同樣的，能檢查答案，就能寫對答案。

在更大的範圍，像複習一整學期、一整年甚至三年的範圍時，孩子往往會不知從何下手，教的人也不知從何教起，這時反客為主法就很實用。

大範圍的複習，很多人是寫了一大堆題目，把自己弄得頭昏眼花，效果還是很有限，為什麼呢？

其實，在寫題目之前有更基本的工夫，就是把觀念整理清楚。這就像蓋房子要先打地基的道理一樣，地基不穩，再怎麼蓋，很快也就垮了。

要整理觀念的話，在每個章節寫一兩題，不會的地方查課本，徹底弄懂，也就夠了。在整理觀念的階段，過度操練絕對有害無益。大量練習只有在觀念清楚之後才有好處。

如果小孩的表達能力還不錯，這個複習方法相當有益：方法就是反客為主，不是我去教他，而是他來教我。我常說「把我當成不會的人，解釋一下」。

高中時，有一次幫朋友複習國中三年的範圍，我就請他帶著課本，把我當成不會的人來教。

過程中，每當我覺得邏輯怪怪的、聽不懂，就會提出來問。如果他說不出個所以然，就代表這部份觀念不清，是個漏洞。

一發現漏洞所在，我就針對它來講解。講解完了，再回頭扮演「學生」的角色，聽他講述。

其實，只要學習者能清楚解釋的概念，他自己一定就是會的。反之，無法解釋的部份，一定就是知識系統的漏洞。

這就像要找水管漏水的地方，就讓水自己去流，看

什麼地方漏，再去補就可以了。

當小孩發現自己解釋不出來時，也會比較虛心向學、認真聽講。

不然，無論幫他複習什麼，他可能都會說：我學過了！我已經會了！ 這個抓漏水的過程有幾個優點：

第一，它很有效率。

第二，雙方的角色完全是合作的，而不是對立的。

第三，小孩在過程中會培養自己組織知識、檢視知識和表達的能力。

第四，大人就算自己完全不懂，還是可以用這種方法，幫小孩複習，自己也順便學一點數學。

最後，當小孩解釋不出來時，千萬不要罵他笨。

這個方法是在找他需要補強之處，所以有很多地方解釋不出來是應該的。

大人應該慶幸：我終於瞭解，他在這麼基礎的地方也需要幫忙。

這種方法我十分喜歡。

不只作為教學技巧，它也是我常用的學習方法。

向別人講解的過程中，可以溫故知新。往往學到最多的，是教的人。

讓小孩扮演「老師」的角色，透過摹擬「教人」的動作，徹底組織的技巧，我稱它為「反客為主法」。

面對錯誤法

「人非聖賢，熟能無過？知過能改，善莫大焉。」

很多父母老師，遇到小孩犯錯就把他罵得狗血淋頭。但是，能夠讓他瞭解並且改正，才是根本。

在糾正偏差行為時，有時罵是有用的，但在知識的學習上，罵從來就是沒有用的。沒有人能夠透過罵的方式，教會孩子數學。

既然在知識上，罵沒有用，那要如何面對小孩的計算錯誤呢？

數學常見的解題錯誤大致可分為三類，包含閱讀錯誤、計算錯誤、觀念錯誤。

前幾篇介紹的方法，對觀念錯誤相當有效。本篇探討如何面對閱讀和計算錯誤。

閱讀錯誤

「閱讀錯誤」是指誤解問題、或無法把問題用數學式表達，造成的錯誤。如果題目要算 8 的立方根，但是寫的人看成 8 的平方根，當然後面都會錯。這跟觀念與計算都無關。

如果小孩常犯閱讀錯誤，應該加強的是閱讀能力、改善書寫習慣，把式子寫整齊一點，不要東一塊西一塊。家長和老師也要留意孩子是否有神經生理上的閱讀障礙，是否需要特教領域的支持。

有些小孩雖然看得懂題目的敘述，卻不知道怎麼把它畫成易懂的圖表、寫成好算的式子，這就需要一些示範和演練，來增進「轉譯」的能力。

無論是看不懂題意，或是轉譯的困難，其實都是語文的範圍。

數學的語言，就像外語一樣，有它的文法和習慣。把中文轉譯成英文，和把中文轉譯成數學符號，是類似的過程。

當小孩對抽象符號不太能掌握時，學著用圖形、表格當中介，相當有益。我在大學學習抽象的數學時，也還是靠輔助圖形來幫助自己理解。

計算錯誤

接下來讓我們來看「計算錯誤」。

「計算錯誤」通常被當作粗心大意，似乎只要小心點、多練習就會好。在小學高年級和國中，許多小孩觀念還不錯，卻因計算錯誤而被家長、老師過度指責，造成不必要的挫折感，打擊自信，相當可惜。

其實對大部份的小孩來說，計算完美無瑕是不可能的。這種要求也不合理。

合理的要求是：錯誤率不要太高，而且自己有辦法找出錯誤。

應該讓小孩養成留下計算過程的習慣。

如果他有用算式、輔助圖來解題，就應該保留這些過程，不要一算出答案就把它們擦掉。

計算過程不必非常美觀，但是至少要讓他自己能看懂。

為什麼要建立留下記錄的習慣呢？

不是為了不犯錯，是為了能除錯。

只要小孩還有學習動力，除錯法就比直接訂正好。

當小孩計算出錯時，別忘了先肯定他的觀念正確。

再來，不要指出錯在哪裡，只要告訴他說這題有算錯，請他自己找出來訂正。

只要計算過程清楚，通常小孩都可以自己找到錯處，自己訂正。

真的不行時，再講出錯在哪裡也不遲。

除錯的能力，也是一種自我檢視的能力。

對小孩而言，學習如何記錄、如何除錯，比去為「永不出錯」拼命，更人性、也更有意義，不是嗎？

適度練習法

　　「譬如為山，未成一簣，止，吾止也；譬如平地，雖覆一簣，進，吾往也。」──《論語》

　　練習是累積的必要。古人說：熟能生巧。

　　坊間很多很多的習題本、參考書，都充滿練習的題目。但是，很多孩子愈用愈挫折、愈用愈沒興趣，那是為什麼呢？

　　面對反覆的工具操練，人多半不覺有趣，只因必要，所以勉而為之。如果能在應用和創造的過程上，練習原有的知識技藝，不只限於題本的書寫，那就有趣得多了。

　　數學上，怎樣的操練叫過度？怎樣的操練叫適度呢？

　　首先，在沒有概念的情況下去操練，是有害的。 如果根本沒概念，那麼操練的只是機械動作，結果是硬背了計算程序卻不明其意，大大不好。

　　因此，如果遇到沒有概念的練習題，要先把概念學起來，或是邊練邊學，總之不能硬背解題程序。

　　「先備概念不清」是指導者的介入點。如果學生自己沒有察覺，就要介入來幫助他。

　　具體的方式是另外拿一張白紙來解釋概念，確定懂了再回頭寫題目。

　　再者，已經熟練了還反覆操練相同的題型，是有害的。

　　所謂熟練就是不用花很多力氣思考，可以直接依已知的程序流暢解題。到這種程度就應該進階了，紙張上

43

的題目數量永遠只是參考用，不一定要全寫完。

有的學生或家長會很焦慮題本中有一兩題不會。

我常說：教材是死的，學習是活的。

如果不懂的問題，並不是基本觀念題，而是刁難人的雜題，真的不一定要會。就像去外頭點餐，如果送上來的有臭酸的食物，我們當然可以不吃，不是嗎？

跳過題目不寫，是活用教材很重要的方式。

例如，可以使用一個簡單的遊戲規則：如果孩子覺得自己都會了，就一口氣連寫三題，如果都對，同類型的題目就跳過不寫，直接走下個階梯。

這種方法可以確定是否真的熟練，也能讓小孩依自己的速度前進，避免過度操練。

有的小孩曾被不當地要求「就算會了也要乖乖寫完」，而養成屈從權威、壓抑自己的習慣，而變得被動。因此，如果遇到孩子已經會了卻停不下來，可能需要介入他，讓他連寫三題之後跳到後面。

「連寫三題都對可跳關」的規則，能幫助學習者回到自己的速度。就算當下沒有非常熟練，在後面的單元反正還會用到前面的知識，所以也會一再複習。

練習是一個從會到熟的過程。如果完全不會，就要先學再練；如果已經熟達，那就應該進到生活應用，或是走下個階梯。只有會而不熟的工具能力，才是需要練習的。

有時，練習和生活應用可以結合。

一個好的練習課堂，就是把個別教學融入練習的節奏。學和練要像左右腳那樣，相互搭配向前。

互為主體交互佈題法

在反客為主法當中，我們看過由學生扮演老師，對學習者自我組織、自我檢查的幫助。

但是，如果學生的知識，根本就缺乏組織，這種方法就跑不起來了。

怎麼辦呢？我們必須示範如何組織。

但是，學生的專注力和理解力，也不一定撐得住長期間的示範。怎麼辦呢？

在互動現場，我體悟的方法是，交互進行。

交互佈題的方法，說穿了真的很簡單，就是輪流出問題，你出一題給我做，我出一題給你做。

教學的要訣在於，在當解題者的時候，一定要把自己的想法講清楚，並且把解想過程具象化，用棋子、假錢等道具排出來。這就是思路的示範。這是在解題，也是在示範怎樣解題。

學生站在出題者的立場，他會經歷組織和創造，也會專注觀察你的作法。

等到下一題輪流之後，你所佈的問題，他就會試著以新觀察到的策略來處理。有可能走偏或卡住，需要一些介入支持，但是再轉一兩次，可能就熟悉而不必介入和指點，能自己解決了。

那時，再輪到你來佈題時，就可再增加一點變化。增加一點點就好。

像 $x + 2 = 6$、$x + 3 = 10$、$x + 9 = 15$... 這樣都是「加」的問題，變換一點點的話，可能是變成 $x - 4 = 3$、$x - 2 = 7$、$x - 9 = 8$... 這樣都是「減」的問題。

輪幾輪再變成「乘」「除」之類。

或是說，像用棋子排乘法的活動，練習操作上的湊十，也可以在個位乘個位的地方，轉個幾輪，再進到個位乘十位。

這個轉的速度要多快還是多細緻，完全是看學習者掌握新概念和新方法的實際情況。如果是很快的孩子，這個輪轉的進階速度可以很快；如果是比較需要耐心陪伴的孩子，那麼就要轉慢一點。

交互佈題法，在轉的過程，基調是一種反客為主式的前推。

轉到新概念若發現學生先備知識不足，即席去補足它時，就是一種面對錯誤式的倒溯。

往下一圈轉的判斷，是來自評估適度的練習。

在佈題時採用的具體操作活動，是為了累積具體經驗。

整個過程在心理上的作法，因為打破了「單向講述」、「老師出題學生解題」、「考試評分」這些讓人產生心理壓力的關係設定，所以具有避開心理障礙的繞道功效。

我們可以說，互動八法當中，互為主體、交互佈題法是最簡單的。

「你出一題給我做，我出一題給你做。」這誰都會。但是要運轉愈來愈得好，就需要所有其他七法的基礎，以及實際的一手經驗。

動作記憶

互動八法，硬記可能不好記。在現場很容易就忘記有什麼方法可以用。

　　為了要讓臨機應變更快、更順、更自然，我們不必寫成備忘，用身體的動作記起來最容易了。

　　因此，我編了一個簡單的體操，當然這不是真的體操，是用來記憶這八種方法用的。

　　隨著身體的律動，很快就可以記得住。

　　這些身體的律動，也多少對應到在實行這些方法時的心理動力。

　　所以，來動動身體吧！

- 往後（退半步）：倒溯法
- 往前（進半步）：前推法
- 往下（蹲一下）：具體經驗
- 往旁邊（左前半步）：繞道法
- 往內（低頭）：面對錯誤
- 往外（抬頭）：反客為主
- 原地動一動（跳一跳）：適度的練習
- 轉身（進半步再迴轉 180 度）：互為主體、交互佈題

　　試試看，是不是跳一分鐘就能記住互動八法呢？

　　在身體的動作中，學習和記憶是不是挺有效的呢？

　　那麼，學習數學的過程，是不是也要常常放下紙筆、在全肢體的活動中，探索和經驗呢？

CHAPTER 3

分辨警訊

· 在學習中出現了哪些警訊是需要注意的？

· 如何辨識警訊？

· 如何及早發現警訊、及早因應？

警訊 1：孩子無聲無息

數學學習上，「無聲無息」可能是最大的警訊。

不敢問的成因，十之八九都和經驗有關。

如果曾經在不容許主動提問的教學場合，提問反而被罵，幾次之後當然就不敢問了。保持沉默看似安全，實際上卻是讓許多學習上的問題沒有外顯，而不為人知。

很不幸，在台灣的教學現場，從學校到補習班、安親班、甚至家教，都有許多不容許主動提問的教學場合。

然後到大學，教授巴不得學生多提問、多參與、多討論，結果學生的反應卻冷冰冰。前面的學習照理應是為後面做準備，實際情況卻很矛盾，不是嗎？

從孩子的立場，如果他的疑惑，一直沒被解決，問了別人反而被罵，主動探問的態度——也就是學習數理知識最重要的態度之一——很容易就被抹殺。

要如何在成長的過程中，一面累積知識，一面保有興趣和探索的勇氣呢？父母可以成為孩子的重要支持。

就算父母認為自己不大會教，至少可以試著運用圖書、網路和朋友人脈，陪孩子把他的問題查出來。

如果有一些數理背景、研究經驗或是 DIY 的經驗，還可以帶孩子去瞭解當初人們研究的過程，或是帶他一起設計實驗，研究看看。

此外，網路上資源多、雜訊多、陷阱也多。水能載舟亦能覆舟。在網路發達的今天，打個關鍵字隨隨便便就能查出一堆資料。問題在於，這許多的資料，有些是表面的、有些是深入的、有些是錯誤的、有些是偏頗的。

其實問人也是一樣。別人的答案也有些是表面的、有些是深入的、有些是錯誤的、有些是偏頗的。即使是老師或專家的答案，也並非百分之百的絕對，也可能有誤。

光是敢提問還不夠，要學習如何分辨、篩選、重組「資訊」、建立出「猜想」、實作成「經驗」、消化成「知識」，才能讓問答的過程，更完整、深入。

在標準答案掛帥的互動模式中，不僅不能培養、還會打壓綜合判斷資訊的能力！

要培養孩子妥善運用網路資源的能力，親子的良性互動、陪伴、引導與典範，就更重要了。

據說，初民的成人總會帶著孩子上山探路，認識世

界。面對資訊叢林，大人準備好帶孩子上山探路了嗎？

警訊 2：孩子聽不懂講解

「講了也聽不懂」是教學時，教導者最常見的挫折。

學習者也很挫折，可能更挫折。所以第一步是不要去罵他。

如果罵他「笨」，發洩了挫折，卻加強孩子的挫折、打擊他的自信心，於事無補。

或許你會覺得，在情緒的當下，要不罵他可能很難。那麼，請至少要採取「對事不對人」的用語，並且讓教學停止，才不會打擊孩子的自信心和學習意願，也避免自己進一步的情緒失控。

教學挫折時，對事不對人的停止用語，例如：

「看來今天先講到這裡好了，再下去也沒什麼進展。」

「這東西還真難。我們之後再來想辦法好了，今天先這樣吧。」

「我沒想到你會卡在這邊，我之後再去問問看怎麼教這一塊好了。今天先休息吧。」

絕對不恰當、副作用強烈的禁語，例如：（括號內是孩子聽到後可能的心聲）

「你怎麼那麼笨！」（是喔，我笨那我不要學了……）

「這很簡單啊！」（你會才覺得簡單……我就是不會啊……）

「你就是不努力！」（我有努力你沒看到嗎……）

通常禁語都是在上了情緒的時候爆出來的。為了避

免出現副作用強烈的禁語，成人適時畫休止符是很重要的。

我們在表達時總希望對方能理解，對方不能理解，我們就會生氣。

這是自然反應，沒有不對。

但是如果氣到語無倫次、爆出禁語、事後後悔，相信父母也不會喜歡自己這樣。

數學的知識是像塔一樣一層一層蓋上去的，我們以前學了十幾年才學到目前的程度，很難期望孩子一下就能貫通。

往往他需要一些時間，拿東西排排看、畫畫看，才會比較有概念、能掌握。

口語講解之外，操作、圖象的互動，也能讓孩子瞭解原本難以瞭解的概念。

一對一教學的基本態度是：如果孩子不肯努力，是他應該改變態度；如果他肯努力但還是學不會，教的人就要改變教法。

改變教法幾次，還是沒進展，但是覺察到自己的挫折和生氣的感覺已經在累積，那就先停下來吧。

擇日再來，沒什麼大不了的。

警訊 3：孩子開始排斥

「⋯⋯數學題都很刻意，跟生活一點關係都沒有。」

「⋯⋯數學好煩，一直要寫題目。」

「⋯⋯數學好難。」

這是中小學生在學數學時常會出現的抱怨。

其實，這些抱怨都有其道理。

一、「……數學題都很刻意，跟生活一點關係都沒有。」

就講這話的孩子，所接觸過的題目來說，可能是實情。

許多的課本、參考書上，許多的應用題並沒有設計得讓人有「應用」的感覺，像是什麼「$\frac{13}{18}$ 盒餅乾」，和日常用語差太遠，充其量只能算是「文字題」而已。

要讓孩子感受到數學的應用，最好從生活著手。

例如，廚房就是很好的應用數學教室。

從準備食料的估計、測量、算比例；到製作過程中的切分、計時；到擺碗筷的過程，都和數學密切相關。

我有一次在帶家長成長團體時，請參與的家長回去尋找家事中的數學元素，大家匯整起來，發現家事中的數學元素，比想像中多得多。

像低年級學的奇數偶數，用數字硬記很抽象，但是常常排筷子的孩子，自然會感覺到有些數目是可以成雙成對排出來的，有些不行。

奇數偶數，就不再是紙筆考試上遙遠的東西，而是和生活直接相關的。

所以，如果遇到孩子抱怨「我覺得數學題都很刻意，跟生活一點關係都沒有。」不妨多帶他經驗家事中的數學，再和學校學的數學，找到相同之處，會很有趣喔！

二、「……數學好煩，一直要寫題目。」

這部份有好幾種可能。

有可能是孩子的解題策略不足，所以同樣的問題要花更多力氣和時間，這時以倒溯法去協助他比較好。

有可能是老師的作業真的出太多。如果是這樣，建議和老師商量，同樣的單元，每種題型，可以連續做對三題就好。

有家長在背後支持，孩子就可以改變作業的量。

這並不是容許孩子偷懶不做作業，而是把作業的量重新定位得比較合理而已。

作業的目的，應該是為了加深記憶、熟練以及讓老師、父母可以看到孩子不懂之處，而不是無謂地折磨孩子，讓他疲勞、痛苦、影響正常的睡眠作息。

三、「⋯⋯數學好難。」

如果孩子開始覺得數學難，那就是需要診斷的時候了。

本書的主題就是診斷法，可以用來協助孩子發現自己的問題點，加以克服。

也有時候是老師的教法有問題，但是既然決定要待在他的課堂，就尊重他的教法，或多或少還是可以從中學到東西。

但是，過程中，要能保有自己的學習方法，這樣就可以不受老師的教法所限，把課堂當成學習資源之一。

父母可以跟孩子說，就像植物成長需要陽光、空氣、水，可能目前的課堂只能給你陽光和空氣，那你就要自己去找水。

如果把力氣都放在抱怨為什麼課堂只有給陽光和空氣，反而會錯過自己去找水的時機。

家庭和學校的關係也是一樣。在台灣，目前自學已經合法，父母有權帶孩子離開學校。

但是，這樣陽光、空氣、水都要自己找。很自由、

很踏實，也很需要承擔。

如果選擇留在學校，當孩子需要時，就陪他一起找水吧！

警訊 4：孩子過度特化

英文有一個詞，叫做「過度特化」（overspecialization）。如果你的右手，變成現在的五倍大，其他部份沒變，這就叫過度特化。

如果孩子解題的策略，因為被動的接受訓練，被過度特化，固定下來，反而不利於新的學習。因為學習就是變化，學習就是放下舊有的習慣，建立新的策略。如果固守一個習慣，就會讓人出現學習困難。

有些家長，要孩子在幼稚園就背九九乘法表，孩子為求表現也真的背了起來。

但是，連乘法是什麼都不懂，硬背了乘法表，除了滿足大人的虛榮心，也練習一些記憶力之外，還有什麼意義呢？

如果要練習記憶力，唱兒歌、背唐詩，都比背九九乘法有意義，至少它們還是可以討論、可以理解的文字。

不懂何謂乘法的話，背乘法表，真的就只是死背。

應該在學到乘法的概念之後，開始背乘法表才有意義，也就是大約二、三年級的時候，絕對不是學齡前。

另外，像珠算（打算盤）和心算，練到可以算出六位數的加減乘除，在明朝或許是很實用的技能，但是在電腦發達的今天，打珠心算，還不如學寫程式。寫幾行程式，就可以叫電腦算六位數的加減乘除，算得更快更準。

數學能力是一條長遠的軸線，在其中一兩個點，過度地特化訓練，只有一時的炫目效果，就像煙火秀一樣，燦爛一時，之後什麼都沒有。

或許你會想，單點的特化，對整個學習的軸線，就算沒有幫助，也不會有害吧？技多不壓身，多學一項總沒壞處？

其實，並不是媒材有害。如果是孩子主動去練習，比方說，在家裡自己玩算盤、練心算，那是有益無害。但是在集中訓練的課堂上，就有抹殺孩子主動思考的危險。

也就是說，不是媒材不好。是主動和被動的問題。

不當的補習會扼殺興趣，把聰明的孩子教笨。當孩子還小，身心比較脆弱時，如果遇到賣弄解法、賣弄權威、否定學生主動思考、不准學生提問的老師，就容易受傷。

如果小學甚至幼兒階段，想法就固著了，甚至都不敢思想，只會照著做的話，要如何學習更抽象的主題呢？

想法固著、甚至都不敢思想、只會照著做的學生，如果夠細心，在小學成績可能會是 100 分，但是一上中學，就遇到困難，到高中，就面臨放棄邊緣。中學就要接觸代數、幾何、解析、機率、統計、三角學、符號邏輯，它們都需要新的思考方法。

我帶過這樣的學生，深知數學學習不能只看表面成績，要看更內化的知識、能力、態度與學習方法。

通常教育商品化的陷阱，就是讓家長只看到孩子能從中得到什麼，忽略會失去什麼。但是學習不是只有得到，也可能有失去。如果過度特化，為了更快更準，也

會失去彈性的思考能力，以及對數學的學習熱忱。

下次再看到教學的廣告時，不妨這樣想一想：「送孩子去的話，我們會不會失去什麼？」

警訊 5：孩子被格式化

我在帶家長成長、親師協同與講座時，不只一次遇到家長提出這樣的問題：孩子說我的教法和老師的不同，不願意去理解和接受，我不知道該怎麼教。

通常，孩子出現這樣的狀況，就是出現了被格式化的問題。

什麼是格式化？就是只講求問題的格式，不管問題的意思。講求標準問題、標準解法、標準答案，而不管同一個問題，有不同的理解方式，也可以有不同的解法。

如果數學老師過度要求標準問題、標準解法、標準答案，就算答案對、解法合理，只要不標準也都打錯，那麼孩子的主動思考就容易被扼殺「那我就不要自己想，老師怎麼做就照做好了」。

被格式化的孩子，遇到一點點的變化都很難反應。

例如：

我遇過這樣的情況，小朋友會做

$$3 + (\quad) = 9$$

但是把問題改成

$$2 + (\quad) + 1 = 9$$

他就不會了。「老師沒教過三個數怎麼辦」他說。

仔細看這個回答,這是格式上的困難:「我沒見過這樣的格式」,而無關乎問題的意思。

當他瞭解原本算式填空的意思

$$3 + (\quad) = 9$$

是「3 加上多少會變成 9 ?」
要類推去理解

$$2 + (\quad) + 1 = 9$$

是「2 加上多少再加 1 會變成 9 ?」也就不難了。
如果對加法的交換性還有一些概念,就會發現

$$2 + (\quad) + 1 = 9$$
$$3 + (\quad) = 9$$

其實是同一個問題。

但是,這些彈性的思考策略,和不管意思的格式化思考,是截然矛盾的。

在數學學習的工具能力中,有些計算工具,例如四則的直式,是要熟練到不必思考就能操作沒錯,但是在熟練的同時,也不能忽略對意義的理解。

尤其是應用題,要去理解它、把問題繪成圖、再寫成算式的過程,是很多元的。

一個題目有很多種合理的想法去解決它,對於被格式化的孩子來說,他可能一個想法都沒有,遇到熟悉的

格式，他就會算、不熟悉的格式，就整個卡住。

就像邯鄲學步的故事那樣，燕國小孩到趙國去學特別的走路姿式，但是一味摹仿的結果，不僅沒有學好，反而忘記自己原本怎麼走路，只能爬著回家。

很多人以為補習、才藝、珠心算和在學校學數學，就算學到的有限，也不會有害，那真是大錯特錯。

這些地方不會告訴父母的祕密就是，任何一個把孩子格式化的教學情境，都是從「砍掉孩子自己的想法」開始的。

為什麼有些孩子在沒上學之前，遇到陌生的問題，還會嘗試一些複雜有趣的思考策略，上學之後反而試都不試了？原因就在於他的數學思考，被格式化了。

所以，會不會有害，不是很明顯嗎？學習場域的安排，如果不謹慎，不就是送孩子羊入虎口嗎？

電腦磁碟如果重新格式化，裡面的資料就全沒了；燕國小孩到趙國的邯鄲城學走路，到頭來只能爬著回家。

一個六年級的孩子，長期遇到格式化的問題，他真正理解、掌握的數學程度，可能只在二、三年級，甚至還不到。

大人如果拿六年級的問題，用不同於老師的解題策略教他，他當然不懂，事實上老師的策略他也不懂，之所以會接受老師的方式，只是依樣畫葫蘆，因為照著做就可以得分罷了。

大人可以讓孩子明白，數學畢竟是理解和主動探索的學問，如果不明題意，只是照著格式去做的話，國高中遇到代數、解析、三角函數這些愈來愈需要綜合理解的抽象概念，一定會垮台。

但是當分數成為評量的唯一指標時，孩子是看不到這些長遠的事，只看到眼前有得分、沒得分。

如果在學校的話，分數是掌握在老師手中。所以，親子數學時間不如另外跑一條進度，是從孩子真正理解掌握的數學能力開始，逐步往上搭建，跟分數和當前的學校進度暫時脫勾。

因此，要為孩子建立一個獨立於分數之外，長期來看更有意義的指標，也就是他真的理解多少、能運用多少。只要父母安排固定的時間和孩子一起做數學、玩數學，不久就可以瞭解他真的理解多少、能運用多少。

當父母真的瞭解了孩子的學習起點，而不是表面的成績分數時，就可以很篤定踏實地，從真實的起點陪孩子探索和搭建一個牢靠的知識之塔了。

警訊6：孩子成績下滑

不少家長是在孩子成績下滑之後，又過了一、兩年，甚至三、五年，才輾轉打聽，找到我這邊。那時，問題通常都已經滿嚴重了。

當然，即使問題累積了幾年，還是可以透過診斷對治的方法，協助改善，經過合理的時間和共同的努力，成績也能提高到中上水平，但是在過程中，親師生都會比較費力。

費力往往不是費在教會學生數學知識上面，那還簡單，而是在改變學生過去被植入的有害學習方法、重新點燃學生對數學的信心、以及協助他重新建立適合自己的學習方法。

要讓排斥數學、幾乎放棄的學生重燃信心、建立方

法，可以在離開我這邊之後，還能帶著走，這就比較難一些。

其實，成績通常是最後反應出問題的點。在成績下滑前，應該就會有許多需要幫助的徵兆出現。及早發現、及早對治，就可以省去很多不必要的折騰。

有些家長只看孩子的成績，成績沒問題就沒問題，成績不好就罵他，也不去瞭解原因，這是非常危險的事。

「成績泡沫化」的情況，很常見。

成績泡沫化，就是一開始成績很好，之後突然下滑。很多去補習的學生會發生這樣的情況。

為什麼？因為成績很好並不一定是自己真的懂，泡沫化往往是因為被要求用記的、用大量練習訓練，而沒有自己主動的思考和清楚理解。「會算但不知道為什麼」的情況愈多，愈容易泡沫化。

泡沫化的情況，大概可以是小學六年級拿 100 分，高中一年級只拿 10 分這樣的落差。

等泡沫破掉時，學校、補習班都不負責善後。家庭和孩子自認倒霉，或是自以為「數學不好」，然後面臨放棄的邊緣。

況且，單看分數本來就很危險。

出題的發球權是在老師這邊，成績也是老師決定的。

身為數學教師，我也知道怎麼出題，就可以讓全班都高分、或是全班都不及格、或是偏向硬背的人、或是偏向深思的人、或是偏向圖像優勢的學生、或是偏向閱讀優勢的學生。

但是，我已經很久沒有出考卷去考學生了。

因為，作為一名學習診斷的工作者，我不會亂槍打鳥去佈題目，而會直接觀察學生的學習過程、再視個人的狀況精準佈題下去。

我也很久不打分數了，都是提供具體的評估和學習方法與學習資源的引介，有點像是在開個別化的處方籤。

處方是實際可以操作進步的方法，分數只是一個數字，不能看出問題點。

我在協助在校生檢討考卷時，完全不會管他分數多少。著眼點，都是具體的題目和解題過程，對是為什麼對，錯是為什麼錯。如果是猜對的，用反客為主法讓它扎實；如果是寫錯的，用面對錯誤法去診斷錯誤的種類再行協助。

成績、分數有多不可靠呢？

現在小學高年級的學生，就可能為了避免處罰而作弊。有些人甚至一路到了大學還是靠作弊來通過自己不擅長的科目。

只看成績，可靠嗎？

不只孩子可能為了避罰而作弊，有些老師為了讓家長放心，故意把題目出得簡單，讓大家都高分。

有些機構還自己辦一堆檢定、一堆比賽，讓孩子有一堆升級、得名的成績，讓家長開心；也有老師為了樹立虛假的權威，故意出很多刁難學生的考試，讓大家都低分。

這些都和真實的學習很遠。

當孩子成績下滑，請記得，成績只是眾多參考指標之一，它不足以告訴我們問題的癥結在哪裡。

如果希望孩子的數學變好，請陪伴他，一起瞭解他

的先備知識，哪裡有漏洞；瞭解他的思考過程，哪裡有盲點；瞭解他的記錄習慣，哪裡有問題。或許過程中，你也會有意想不到的發現，不是挺好的嗎？

有真實的陪伴和協助，才能協助孩力克服問題。如果一味指責，於事無補，因為他自己可能也不知道問題出在哪裡。如果連他自己都不知道問題出在哪裡，叫他如何改進呢？

均衡發展：學想問練玩

事實上，警訊的種類非常多，難以備載。

我想回頭來看看，怎樣是好的？平衡的？不用擔心的？

知道怎樣是不用擔心的，其他就是警訊了。在數學上這稱為「反向定義」。我們就來反向定義一下吧！

平衡的角度很廣。為了容易明辨，我用學習五字訣來統整。

學習五字訣，就是：「學、想、問、練、玩」。

學：學就是接觸新知、體驗新事物、跟隨有經驗的人一陣子。包含學習態度、學習方法、學習資源、學習節奏等等，整體的學習情況。 **學**

如果孩子陷溺於習慣與逸樂、或是過度自我膨脹而完全不願意跟隨、沒有意識到自己需要學習長大才能獨立、接收的期望太低，就可能會產生「拒學」的問題。

如果孩子願意學，但過程中挫折太多、接收的期望太高、得到的支持卻太少，就可能產生「懼學」的問題。

想：想就是思考。子曰「學而不思則罔，思而不學則殆」，單只有求學，沒有思考，就像只吃東西而不消 **想**

化，難以吸收、內化。

如果只是思考卻不學習新知，很容易想偏、或是在原地打轉、進展有限。這時，還是需要新知的刺激，否則也很難再消化出什麼。

台灣的中小學生，在數學方面，「想」的常見問題之一是「不敢想」。

另一種常見問題是「隨便想想」，好像很有想法，卻停留在說說而已，沒有進一步把想法深化、進一步去實驗與結晶它們。

要培養孩子「想」的能力，最好靠著有品質、有主題的對話（不是那種講兩三句就切換主題的閒聊），以及具體實作的經驗。

例如，一面帶孩子一起做家事，一面談天說地，就是挺好的流動。

不一定要講數學主題，只要有品質、有主題的對話，就對思考很有幫助了。

問

問：問就是提問。

思考的過程是在內部進行，外面看不見，但是思考之後的主動提問，就看得見。

提問是消化過程的一部份，思考的過程中，自然會有疑問。如果疑問一直沒被解答，甚至不受尊重，長久下來，就會造成消化不良。

台灣的中小學生，在數學方面，「問」方面的常見問題是「不敢問」。

許多中小學老師為了求表面的秩序，不准學生提問，「不要問無聊的問題！」

或是習慣敷衍學生的提問，像是「長大就會懂啦。」

這樣的回應，讓提問的人覺得沒有被重視、也就愈來愈不敢問。

據說猶太人的家長，在小孩放學後，不會問他考試考幾分，而是問他「今天在學校有沒有問出個好問題啊？」可能他們的學校，也有鼓勵孩子提問的風氣吧。

考試只考你會不會寫答案，其實，能主動問出什麼問題，更能反映出程度和創造力。

如果你希望孩子保有敢問的勇氣，請正視他提的問題。

不只是願意回答，還包括當大人的講解孩子聽不懂時，願意耐心瞭解他不懂在哪裡、換個方式說明，而不是就直接罵下去。

即使當孩子問問題時，你手頭上正忙著，也可以先把孩子的問題記下來（會寫字的孩子可以請他自己記錄），等忙個段落再去回答他、或著陪他一起找資料。

這樣都比不准問和敷衍好很多。

如果孩子遇到不准問和敷衍的老師，家長可以讓他瞭解；老師的方式是錯的，只是為了維持表面秩序的下策。

其實不懂就勇於發問是好的，在大學、出社會都是敢問才學得多，不敢問就沒人知道怎麼幫你。

練：練就是練習。

練

所謂鍛練，便是將一組程序反覆練習，直到變得熟練，不需多加思考便可操作。

比方說，瞭解個位數加法是知道每一個步驟和符號的意義，熟悉個位數加法運算則需要反覆練習。

當孩子只瞭解而不熟悉個位數加法，要學習多位數加法便會有困難。同樣的，若對基本代數操作不熟悉

時，要瞭解三角學和其中公式的美感，也是不可能的。

因此，若一個教育場域中，只提供概念的介紹，而忽略了鍛練的必要性，是很危險的。

在希望孩子不要被過度訓練成考試機器的同時，我們也應記得鍛練的必要性。

除了少數習慣自我鍛練的孩子之外，多數的孩子還是需要一些情境的推力和固定的累積，才能體會練習的功效，並長出堅韌的意志力。

玩　玩：玩就是創造和應用。一件事物「好玩」，多半就表示在互動的過程中，有許多創造的空間。

學習數學的過程，遊戲、創作、應用是非常重要的成份，不可或缺。

以數學學習來看，玩遊戲如果只是依規則、爭勝負、哈哈笑，這和一般嬉樂無異。

要能分析規則、觀察秩序、建立模式、研究致勝策略，才有比較深入的運思。

至於創造和應用，廚藝、家事、手工藝和程式設計，都是很好的創造和應用。

只要脫離紙筆、脫離「題目＋答案」模式，總有許多可以玩的！

總結學習五字訣，其實是在過與不及之間找平衡。

教育的藝術，就在於如何在過與不及之間找平衡。

幸好，可以平衡的區域並不小，也就是說，沒有單一的標準答案，因為生命自己會調適，在一個恰當的範圍之內，都是好的。

我看過玩太多、練太少的孩子，他們的學習態度很浮動，靜不下來踏實去演練，學什麼都不深入，只希望

得到立即的滿足感。

　　我也看過玩太少、練太多的孩子，他們不敢寫沒有標準答案的問題、不敢自由發揮、對於試誤和創作會有很大的壓力。

　　會有這樣的情況大多是因為偏廢：太強調某一個價值、太忽略某一個價值。

　　如果沒有意識到教育是在過與不及之間找平衡，很容易從一個極端跳到另一個極端。

　　「體罰不好，是不是就不要管孩子了？」

　　「過度演練會把孩子變解題機器，是不是就都不要練習了？」

　　「自由好，是不是就不要有任何的約束和界限呢？」

　　「規律作息很重要，是不是就要把每一個小時都排得滿滿的，照表操課呢？」

　　像這樣，從一個極端跳到另一個極端的思考方式，無益於找到平衡。持守中道很難，極端的語言和思考方式，很容易眩惑人，也很容易引起共鳴。

　　但是，真正的平衡，是不會出現在極端之處的。

　　如果過度偏廢，就像一個人如果只有左手特別大，全身肯定是要失去平衡的。

　　最好的情況是，學、想、問、練、玩五個面向，都能均衡發展而不偏廢，不要太多、也不要忽略，那麼不僅數學會好，整個治學的態度和能力都會好。

　　在理想的學習狀態下，是玩中有學、學中有練、練中有想、想中有問，五合一的。

　　均衡發展聽起來好像很難，其實只要把心放寬，自然就能感受到平衡。

　　就像湖水一樣，澄靜，自然清明。

成長軌跡

· 按照一般學校的教學歷程，整理出小學中低年級、中高年級、國中數學教學的著重點，以及所培養的能力

學齡前

在一次家長成長課時，參與的成員大都是幼兒的家長，所以我們針對幼兒的數學互動，和小學中低年級的關聯，有了一陣子的合作探索。

我發現，互動八法的原則，從幼兒到成人，都是適用的。

即使是倒溯法、反客為主法都是適用的。別以為幼兒的數學知識沒什麼可以倒溯、沒什麼可以表達，真的去觀察和聆聽時，會發現非常細緻的揣想與階梯，都在形成中。

在學齡前到小二，能玩的真的很多，從爬樹、下溪、種菜和編織、唱兒歌、畫迷宮、玩紅綠燈、木頭人、大風吹，都是數學經驗。

爬樹下溪、律動舞蹈、唱歌韻律，這些都是全肢體

能玩的很多，不及備載，我試著舉一個黑白棋活動當引子。

首先，拿一堆棋子。

我們可以把同類的分在一起。

排成這樣，分好類了。

但是我們既不知道黑的比白的多，還是白的比黑的多？到底誰比較多？排成跟筆一樣直直的。現在就看得出誰比較多了。

多幾個呢？一、二，多兩個。

的數學經驗。當然它們不只是數學經驗，也是自然和藝術的經驗。對於幼兒來說，本來各種經驗都沒有專門區分。就是有秩序的探索，去瞭解自己的身體和各種不同地形與環境的互動，還有音樂與節奏、圖象與色彩的感覺吧。

孩子可以透過動手操作，在不同的媒材上經驗分類、比較、排序和點數，從中發展策略，重新發現奇偶性、發明湊十的方法，以及加、減和乘的概念。

分類、排序、比較、測量和點數，可以說是數學的基石。

即使是高等數學，往往也是透過問答「什麼是類別？」「什麼是順序？」「什麼是比較？」「什麼是測量？」「什麼是點數？」「什麼是距離？」「什麼是形狀？」這樣基本的問題，來開啟新的研究領域。

中低年級

數學學習上，每個年段的學習和之前、之後都密切相關。在幼兒和小學中低年級時，數學和生活經驗更是密不可分。

要建立對數字和量的感覺，絕不是要孩子很小就去認阿拉伯數字、數 123、背九九乘法或是珠心算，而是來自於掃地、爬樹、下溪、測量、手工藝、丟球、種植、下廚等等，用全身去探索的經驗。

生活中的元素何其豐富，在學習地圖中，能畫出的實在很有限。其實有更豐富的經驗和元素，是來自生活和用全身去探索的實體經驗。那些用全身的動作、主動探索的具體經驗，才是往後建立數學知識最牢固的基石。

數學，作為人類文明抽象知識最核心的結晶，在學習的時候需要大量的生活經驗、具體經驗作為背景。有句格言說：先有具象，才能抽象。

如果學齡前到二年級，有充分主動探索的經驗，會帶上來的能力是主動思考的勇氣，以及對形狀、數字、方向、日期與時間的概念，以及點數、跳著數、倒著數的策略。

至於基本的加減、進位、借位，以及直式加減法，就算沒有學過，在具體經驗的基礎上，要新學也很快。

在二到四年級，開始有一些略為抽象和累積的知識，不是憑空探索就會瞭解。

在平面圖形、倍數關係、乘法、除法、分數的概念與計算的學習，也是為了接下來要處理立體圖形、分數四則、小數四則、分數小數互換、比例、單位轉換、因倍數打基礎。

因此，二到四年級可以說是需要示範、需要引導的累積的開始。像是登山口那樣。

經驗中，如果 20 以內的加減有困難，很可能在腦中運用的策略不足，或是缺少好的策略，只是硬背。

這時，最好先放下紙筆、也不要求心算，拿具體物來操作排列，建立具體的策略。

孩子在腦中怎麼想，別人看不到，但是請他把問題排出來，用黑白子、進展到稍微抽象一點的玩具錢，就可以充分表現出中介、進位、退位的概念了。

大人可以透過輪流出題、具體物操作，一面讓孩子演練，一面示範一些新的策略讓他摹仿與參考。

遊戲做為練習，是最歡樂又能專注持久的方式。好的數學遊戲，本身就能將互為主題、交互佈題法，發揮

你看，現在我們還沒有去數，只是比高矮、量量看，就先知道了它們差幾個！

如果要知道它們各自有多少，我們可以一個一個數……

也可以兩個兩個數。

何不五個五個一數，或是九個十個一數呢？

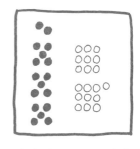

試試看，用不同的媒材，玩分類、排序、比較、測量和點數。

這樣可以一路發展出幾何與算數的土壤。

到很高的境界。

例如乘法最重要的不是計算，是兩個量之間的倍率關係。

哪些具體物件有倍率關係。

不是只是單一的題目，而是變量的共變關係。

有了共變關係，要創造 100 個題目也不是問題。

重點不是要對應到一個乘法算式，而是建立起兩個甚至更多個變量、兩個序列甚至更多個序列的共變關係。

一隻蛤蟆一張嘴，兩個眼睛四條腿
兩隻蛤蟆兩張嘴，四個眼睛八條腿
三隻蛤蟆三張嘴，六個眼睛十二條腿
四隻蛤蟆呢？

一片楊桃五個角，兩片楊桃十個角
三片楊桃呢？

一個人有四肢，每肢有五根指頭，共二十根指頭
兩個人呢？
三個人呢？

從實際碰得到的物體去研究，再到圖象，最後才到算式，就可以從具體經驗到抽象。

很多孩子遇到困難是因為具體的經驗太少，直接從抽象的算式學起，就感覺不踏實了。

至於九九乘法表，也可以從具體的觀察歸納，到黑白棋子排列，像 9×7 就排出 9 排的棋子，每排 7 個；或是 7 排棋子，每排 9 個，其實排成長方形，根本是一

樣的，都可以。

　　排出來之後，再用移動的方式去湊 10，就可以很快看出為什麼是 63。

　　然後再進到圖象，把面積寫成數字。

　　例如淺色的部份由 15 個單位正方形組成，就在右下角寫 15；深色部份由 8 個單位正方形組成，就在右下角寫 8。

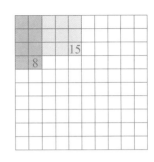

　　小朋友瞭解規律後，自己這樣一路寫下去，可以自己寫出整張乘法表。

　　這樣是重新發現乘法表，而不只是學會乘法表。

　　接著能否背起來還是需要一點練習。

　　古老的口訣是很好的記憶方法。

　　像順口溜一樣，講得順就背得溜。「九一得九，九二十八，九三二十七，九四三十六……」相信大家小時候都耳熟能詳。

　　這並不是呆板的東西，而是一種像音樂一樣的節奏學習法。

　　多管齊下，用遊戲可以讓練習比較有趣，例如小時候還看過九九乘法的划拳遊戲，喊完九九乘法就輪流用手指比出題目（口訣的上半，例如六八），對方就要在節奏中接著喊出下半（例如四十八），跟不上節奏就輸了。

　　這樣快節奏的遊戲，在無形中也刺激到了記憶的熟悉和提取的效率。

　　大人也可以帶小朋友用一盒卡紙，自製九九乘法閃卡，正面寫 7×8，反面寫 5×6，配上 7×8 的點點圖，可以沒事拿來抽牌翻一翻，練習記憶。

　　在中年級還會遇到加減乘除的直式。

　　直式的教學，也是要搭配具體物的操作、再抽象到圖形、再抽象到算式。

　　算式中的每一個步驟，要能逐一對應到具體物的操作。

　　例如最難的除法直式，用玩具錢來操作的話，算式和操作的對應，從 a 到 f 共六步，逐步為：

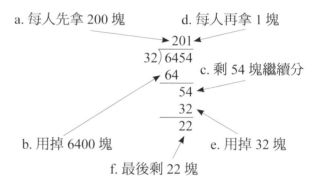

　　要帶孩子明白每一步的意義，他才會知道自己在做什麼，知其然也知其所以然。

　　分數概念也是一樣，從具體操作，到圖像，再到算式。

　　例如切出塊的麵包？將被子折成 $\frac{1}{3}$ 大？拿一段繩子，折出它的 $\frac{3}{4}$ 長？折色紙折出 $\frac{1}{6}$ 片？

　　再來才是圖象的圓餅圖、長條圖。

　　再來才是算式。

　　數學遊戲可以玩的非常多。因為太多，不勝枚舉，我列舉了一部份的媒材與可以對應的單元，做了一張簡表：

	黑白棋子	方格紙	樸克牌	玩具錢	手指	韻律	直尺與捲尺	紙筆繪圖	紙筆計算
數數兒	☑	☑	☑	—	☑	—	—	—	—
合計	☑	☑	☑	☑	☑	—	—	☑	—
接著數	☑	—	☑	—	☑	☑	—	☑	—
前進	☑	—	—	—	—	☑	☑	☑	—
加法	☑	—	☑	—	—	—	—	☑	☑
比較	☑	☑	☑	☑	—	—	☑	☑	—
扣除	☑	—	—	☑	☑	—	—	☑	—
倒退	—	—	☑	—	☑	☑	☑	☑	—
減法	☑	—	☑	☑	—	—	—	☑	☑
個一數	☑	—	—	—	—	—	—	☑	—
倍率關係	☑	☑	—	☑	☑	☑	—	☑	—
單位與面積	—	☑	☑	—	—	—	☑	☑	—
乘法	☑	☑	☑	☑	—	—	—	☑	☑
均分	☑	—	—	☑	—	—	—	☑	—
包含除	☑	—	—	☑	—	—	—	☑	—
除法	☑	☑	—	☑	—	—	—	☑	☑
分數	—	—	—	—	—	☑	—	☑	☑
小數	☑	—	—	—	—	—	☑	☑	☑
比例	—	—	—	—	—	☑	☑	☑	☑

　　表中每一個勾都是一個或者好幾個可以玩的數學遊戲，讀者可以依此大略看出媒材的性質。

　　例如，黑白棋子的廣度很大，繪圖的廣度也很大，紙筆計算其實能做的不多。

　　繪圖的廣度雖然非常大，個別教學的人，很容易會以繪圖教學為重心，但是不可忽略在圖象背後是具體物的操作。

　　合宜的手順，應該是先操作、再圖象、再計算。除非很確定孩子的操作經驗已經充分，不然直接從圖像、甚至直接從計算開始，是很容易失敗的。

　　有了這樣的「媒材─單元」對照思考，家長就不必花大錢買教具。生活用品，諸如筷子、毛巾，都可以與

單元對照，來構思教案。

同樣的，在其他表中未列出的單元，讀者也可以自己去嘗試與不同的媒材來對應，看哪些媒材適合用來表達和操作，以建立概念。

互動加油站：放下獎勵與懲罰

獎勵與懲罰是行為學派的訓練工具。但是，教育並不只是訓練。真正的教育是使人清明自主、友善社會，而不是令人成為照表操課的機器，也不是令人成為更聽話的奴隸。

孟子提醒我們「一齊人傅之，眾楚人咻之，雖日撻而求其齊，不可得也。」

也就是說，如果在不合適的環境，沒有合適的學習方法、缺少良好的學習典範，就算用打的來鞭策，學不會就是學不會。

反之，如果在合適的環境，用合適的方法，學習本身就有成就和趣味，又何需外加的獎勵與懲罰？

目前流行的考試方式，說穿了也只是一種獎勵與懲罰。考試得高分就是一種獎勵，得低分就是一種懲罰。會的人成績高，不會的人成績低。學生只拿到一個籠統模糊的分數，成績高的人不知道自己真正的優點、未來的潛力在哪裡；成績低的人不知道自己的學習方法問題出在哪裡、自己有什麼讀書考試之外的優勢和專長可以發展和培養。

學生努力想提高成績，但是沒有人告訴他正確的方法，就在一次又一次的考試中，被模糊籠統地給予大量的評價。這樣的情況，和「日撻而求其齊」有什麼不同呢？

知識的學習，需要方法，而不是獎懲。

創造力的培養，則更不能用獎懲。

心理學家葛路克斯堡（Sam Glucksberg）做過一個研究，他找了兩批學生，個別進行創造性的解題。題目是名為「噹客的蠟燭問題」（Duncker's candle problem）的謎題。

「噹客的蠟燭問題」提供一些火柴棒、一盒圖釘和一支蠟燭，學生的任務是要把蠟燭固定在軟木板上，點亮，並且讓蠟油不會滴到底下的桌面。

要解決這個問題並不容易，需要創造性的思考，把火柴盒當成支撐平台來用。

葛路克斯堡的研究是用這個謎題來測驗，學生的解題能力在獎勵之下會受什麼影響。

他告訴其中一組說，解題最快速、前 25% 的人，可以得到兩美金，第一名可以得到二十美金。

另一組遇到一樣的問題，但是沒有提到任何關於獎勵的事。

照行為學派的預測，第一批學生受到獎勵的引誘，應該會解得更快更起勁。

結果呢？卻是第二批沒有被告知任何獎懲的學生，解題解得更快，而且明顯地更快。

這項研究在維基百科的「Candle problem」條目中有介紹和引用，在也被〈社會對創造力的影響：約定酬賞的作用〉（Social Influences on Creativity: The Effects of Contracted-for Reward）這篇著名論文所引用。

〈社會對創造力的影響：約定酬賞的作用〉還指出，獎勵不只降低學生的解題能力，大人如果提供獎勵

作為誘因，會降低小孩繪畫的興趣和創造力。

根據新的研究，獎勵和懲罰只能增加「明確而單調」的工作效率，卻會干擾「複雜且需創造力」的工作。

數學的學習顯然是「複雜且需創造力」的工作，不是「明確而單調」的工作。

因此，要孩子把數學學好，最好把獎懲拿掉。

從我自己的教學實務來看，要從任務本身的意義來點燃學生的熱情，才是正道。人為的獎勵和懲罰，對學生的內在動機、創造力、深度思考，都有害無益。

訓練式的教學亂象的極致是，數學就像體育一樣，不要去管為什麼，一直練，一直練，就會了。

其實體育也有理論要學。不管原理，只是一直練、一直練這樣的訓練法，完全消滅人的自由想像，只是把人變成機器而已。這多恐怖！

放下獎勵與懲罰，就是放下高高在上的霸權，以一個「有經驗的學習者」的身分來和孩子互動。

尤其在數學的學習上，如果因為孩子學不會，就懲罰他，並不能讓他從不會變成會；因為孩子學得好，就獎勵他，也可能會讓他降低內在的學習動機，而去追逐外在的獎賞。

獎懲也是一種操控的手段。

如果學校的老師過度使用獎懲，或是要求學生只能按照老師教的「標準作法」來解題，有一點點差異都不行，孩子遇到不熟悉的問題時，往往不敢自己想方法。

如果發現孩子不敢自己想方法，只會等大人給方法，那就是試誤的勇氣受到打擊。

如果要重建他主動探索的信心，首先要建立安全

感。也就是說不管老師要求如何，至少在大人這邊，是容許並鼓勵他去試試看、猜猜看各種方法，錯了也沒關係。

大人可以跟孩子說：

「真正厲害的數學家、科學家、發明家，並不是一群不會犯錯的人，而是勇於嘗試錯誤，從錯誤中學習、累積經驗、讓自己進步的人。」

「學校老師如果要求標準做法和標準答案，只是方便他改數十份的作業，並不是說要學好數學，就一定不能自己想方法。

「正好相反，要學好數學，就一定要練習一種主動嘗試的習慣。在遇到陌生的問題時，先自己想方法，試試看。試錯也沒關係，再修就好。

「自己試過，再去聽講解，就能領會箇中關鍵所在。就像學游泳一樣，要自己在水中玩過、試過，跟人學時才會有更深的體會。」

中高年級

四到六年級時，孩子的數學程度已產生明顯的分歧，頭尾現象明顯。

程度最高的學生，往往不是題目寫最多的學生，而是有豐富的具體經驗，能主動思考、勇於主動發問的學生。

程度最高，在課堂上可能會無聊，程度較低的學生則開始經驗到「無效課堂」，也就是身在課堂中，但怎麼也聽不懂、學不會。

也有可能老師自己也是一知半解。比方說我出題考過小學數學老師「為什麼分數乘法是分子乘分子、分母

79

乘分母」很多人也不真的明白。

這就不難理解，為何一個五年級的孩子，能說出分數的乘法，是分子乘分子、分母乘分母，也能照著計算，卻無法回答為什麼分數的乘法，是分子乘分子、分母乘分母。因為大人也不會！

在中高年級，已經有很多觀念是大人也不會，只知其然不知其所以然的。

因此，要陪孩子學習，最好自己一起成長。

當年沒搞懂的，現在再來研究。以大人的資訊蒐集和理解能力，運用書籍和網路資源，重新去學習十歲、十一歲的數學，應該不會太難吧？只要下定決定，其實比想像中簡單。

分數的乘法可以圖解，也可以單純用式子和概念說明。

像化簡 $\frac{2}{3} \times \frac{5}{7}$ 時，因為 $\frac{2}{3} = 2 \div 3$，$\frac{5}{7} = 5 \div 7$，所以 $\frac{2}{3} \times \frac{5}{7} = 2 \div 3 \times 5 \div 7$，也就是 2 除以 3，再乘以 5 再除以 7。

乘除法可以交換順序來做，所以就是 $2 \times 5 \div (3 \times 7)$ 了，寫成分數就是 $\frac{2 \times 5}{3 \times 7}$。

如果請學生畫分數的乘法，例如畫 $\frac{2}{3} \times \frac{1}{2}$ 時，學生常常一開始畫不出來，或是畫成沒有代表意義的兩個圓餅，中間打個乘號。像這樣：

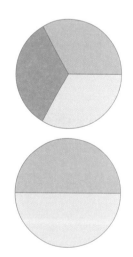

從左邊這兩塊圓餅中，我們很難看出這和答案 $\frac{2}{6}$ 或約成最簡的 $\frac{1}{3}$，有任何關係。

圖形、圖解就是為了讓概念一目瞭然，看來這樣的圖解是不行的。

圖解的方法很多，用線段也是很好的方式。不過我

個人喜歡用面積。利用「長度乘以長度等於面積」，把乘數、被乘數都當作長方形的長度。然後乘出來的結果代表面積。

從圖中可以一目瞭然，$\frac{1}{2}$ 的長度和 $\frac{2}{3}$ 的長度，圍成的面積，是單位正方形切成 6 塊裡面取了 2 塊，所以答案就是 $\frac{2}{6}$，約分後是 $\frac{1}{3}$。

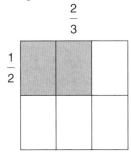

數字如果換大一點，我們還是可以如法炮製：

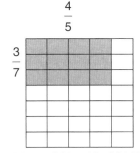

從圖中可以看出，乘數、被乘數的分母，交錯分割了單位正方形，把它分成 7×5 小塊，而乘數、被乘數分子，則決定了我們能圍到 3×4 個小塊。

就算有假分數也可以如法炮製：

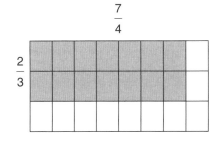

　　把這個概念推廣，到任意的分子分母，就得到了「分子乘分子、分母乘分母」的結論。

　　又例如，小朋友可能會背梯形的面積是「上底加下底乘以高除以二」，能算對考卷上的計算題。這是表面程度。

　　至於背梯形的面積，為什麼是上底加下底，乘以高再除以二，它和三角形、平行四邊形面積的關係，還有「面積」的原始意義呢？這才是真正的程度。

　　面積的原始意義，來自固定的測量單位。

　　古代的人要比較兩片土地，又不能把它們搬移、切割、重疊，因為土地又不是輕飄飄的紙張。

　　因此，他們自然得發明別的方法。

　　用固定的測量單位，例如一公尺見方的正方形，當做基準，就可以分別量得兩片土地 A, B 各是多少單位，再以數字來相互比較。

　　要比好幾片土地的大小，也就辦得到了。

　　這是因為土地本身難以搬動，而數字沒有重量，極為輕巧有彈性，先把土地的大小數量化，再來比較、計算，就容易多了。

　　如果不預先示範，讓孩子自己去探索實驗，他們往往會想出不同的解題策略，得到同樣的結論。

　　經驗到不同的解題策略，能得到同樣的結論，在數學學習上是很有意義的事。

　　也就是說，數學是在尋找真理，這個真理不是誰說了算，也不是只有唯一的方法可以探知，而是只要方法合理，殊途必然會同歸。

　　這和人文、社會、藝術領域很不一樣。

　　我遇過本科不是念數理而是人文社會的人，對「普

遍真理」沒有概念、也缺乏信心。

　　那些領域的研究，可能礙於複雜度的關係，至今只有約定俗定的慣例、特定脈絡下的秩序，其中若有宣稱自己放諸四海皆準的命題，多半是假設而不是定理。

　　又或者，有些體悟只能意會，不能言詮。

　　在數學領域，恰恰好就是在處理放諸四海皆準的定理，而且是可以言詮的。

　　所以，可以說數學處理的範圍比較小，但是卻處理得很深入而確實，以至於它可以是各種理科、工科知識的基石。

　　但是，如果數學的教學，讓孩子學習像是在照樣造句、依樣畫葫蘆，只摹仿形式，卻不解意涵，長久下來，思路混淆、心生排拒，那是非常可惜的事！

　　形式是一眼就可以看見的，意涵是看不見的，那要怎麼教？怎麼知道孩子有沒有懂到意涵？

　　方法在於，要變換形式。當孩子開始習慣某種形式時，就換不同的形式去問。同一個概念，換三四種表徵去處理，再異中求同，找出它們的共同點。

　　例如：「甲和乙賽跑，跑120m。甲花了16秒跑完，輪到乙時，他跑了80m時突然跌倒，受了傷，不能再跑。但是他們還是想要比平均的速度，是誰比較快，要怎麼比呢？」

　　這個問題有非常多種切入的方式。

　　對於一些學生來說，也容易迷失。

　　把模型和算式分開來寫，比較容易掌握問題的全貌，並在計算細節的過程中，不至於迷失。

　　具體來說，就是看到題目先畫畫！

　　先用畫的，去整理題目在問什麼，再去看怎麼算。

這樣就可以真正掌握題意，而不會變成用矇的。

等到思路清楚，就可以再來考慮透過時間有關的練習，來優化算式，增加效率。為了優化，就需要其他種類的時間練習。

例如，和孩子玩計時遊戲，例如同樣一些題目，記錄解答加上自己除錯所花的時間，讓孩子看到自己在速度上的進步。

也可以玩競速遊戲，像「12」的紙牌遊戲。

互動加油站：站在「近測發展區」

在現代的教育課程中，由維高斯基（Lev Vygotsky, 1896-1934）提出的「近測發展區」概念是必備的內容，但是如何深入其內涵、再創並活用於教學，卻很少人能做到。

「12」的玩法是：

a. 先把數字為 1~6 的牌選出來，面向下洗成疊，其他牌用不到。

b. 每次翻開四張。例如，可能翻出 5,5,1,3。

c. 玩家可以用加減乘除，把它們湊成 12。每張牌只能用一次，而且一定要用到一次。

d. 先想到的人就拍桌，並在三秒內說出他的解法，否則這輪視同棄權，不能再拍一次。

e. 由先拍的人獲勝，可以把四張牌都拿走，作為結束時的分數。

當玩家速度差很多的時候，可以設定讓秒制，或是畢業制。讓秒制就是快的玩家前 5 秒（或 10, 15, 20 秒）不能看牌；畢業制就是先搶得三次的玩家，就畢業，之後只能旁觀。最先畢業就是第一名。

「24」和「12」一樣，只是改用所有 1~9 的牌，要湊成 24。

也可以改用 18,30,⋯⋯ 等因數較多的數當目標；也可以改為一次發三張或五張牌。各種變化，都可以試試看。

也可以玩更多的彈性思考。也就是拍完之後大家繼續想，解法可能不只一種。想出每一種解法的人，都可拿到一張牌，作為結束時的分數。

維高斯基提醒我們，小孩無法獨自解決的問題之中，有不少是在適度的協助下就可解決的。

設想一下，眼前有一個複雜的問題，解決的步驟依序有十個部份。

如果小孩十步都會，他才能獨立解決。十步當中只要有一步不會，就不能獨立解決，但是這和十步都不會有很大的差別。

如果小孩不會第三、第五步，其他都會，那麼教師如果概略地從頭示範每一步，這位學生不一定能徹底瞭解第三、五步的原理，且會覺得第一、二、四、六、七、八、九、十步的講解都是無趣的，或許會因而分心，錯過了對他有益的第三、五步。

更可能的是他在被動的學習中，並不知道自己不會第三、五步，即使在考試的測驗下，因為第三步就卡死了，所以他也失去了檢視第五步的機會。

我們不難發現，不論是從頭示範還是一般的考試，對於即將學會的近測發展區都沒什麼幫助。

比較有效的方式是陪在學生旁邊，讓他在卡住時可以求助。

如此，他在獨立完成一、兩步之後，他會卡住，發現自己不會下一步。

教師接著針對第三步做精準的教學，幫助學生理解之後能自己突破第三步。

也就是說，教師用引導性的問題去幫助他想通，或是舉個類似的例子示範講解，但不是替他做掉第三步。第三步他要自己做出來，才會學得完整。

第三步完成後，學生很有效率的完成第四步，然後在第五步卡了一下，得到精準的幫助後，就一帆風順解

決問題。

讀者發現了嗎？這個過程中，所有的教學都是有效的，而且沒有浪費任何時間在重覆學生已經會的部份，也沒有浪費時間講解他無法理解的部份。

如果讀者瞭解到，這樣「蓋水道」的教學效率，比從頭示範和一般的考試高出了多少，恭喜你，你已經朝「學習者中心的教學」踏出第一步了！

水自己會流。學生的主動性就像水，要讓他流動，再去引導流向，疏通水道，而不是讓它停滯，變成不敢思考的被動狀態。

學習者中心的教學，如果運用得法，將能實現「老師教得很少，學生學得很多」的理想課堂。

發現教學法的基本原則是「讓學生參與知識的形成」，具體的教法包括：

a. 觀察學生自己能不能走過每一步
b. 在學生需要協助時再示範協助
c. 其它時候陪伴、等待和觀察，專注不行動

由於效率高，發現教學法不是只能用在一對一的互動，也可以在小團體、甚至大班級的課堂上實行。

如果學生的自律能力夠好，還可以在家裡寫教材，遇到問題圈起來，累積到和老師碰面時再一併解惑。這樣的學習效率會比單靠課堂的時間學習高出數倍。

如果學生有心理上的排拒或意志上的困難，也可以很快的從個別學習情況診斷出來，進行其他協助。

事實上，每位學生都有獨特的近測發展區，也有獨

特的學習風格。很難用同樣的速度、同樣的方式、學同
樣的東西。

讓我們來做個小練習：列出你的解題步驟。

題目如下，是仿照小學高年級的課本習題：

「有石頭三塊，小石和中石重量差距 160 公克，中
石和大石重量差距 70 公克，三石共重 600 公克。請問
它們各重幾公克？」

因為是小學高年級，限制是不能夠列代數方程式來
解，但是你可以用類似的原理，來畫圖解決。

先在第一個的空格中解題，包括繪圖、算式和實物
排列，在解題的過程中，都留下紀錄，稱為手稿。

解完之後整理一次，寫進第二個空格。並圈出你認
為學生多半可以自己想通，不必示範的那些環節。

我的解題手稿

```
我的解題步驟
```

升國中

有一次，一位家長問我，在家裡教孩子負負得正，怎麼教他都不會，怎麼辦？

我想了一下，然後回答：「我會先問小朋友說，當你聽到負數時，會想到什麼？請他描述或畫出他的想像。」

他可能畫數線、可能畫黑白子、可能講欠債還錢、可能只想到算式、也可能一點概念都沒有。

無論他想到什麼，這就是他的起點。從他的起點出發，才能一步一步帶到你的高度。

這就是說，教學不能只想「我要怎麼教」，更要去瞭解「孩子目前是怎麼想」。

這和登山很像。如果孩子卡在半山腰的某個山洞裡，你不能光在山頂上大喊「噢！噢！上來啊！」你要先找到他在哪裡。瞭解他的起點，放一條繩索，從你的高度到達他的起點後，或許他可以自己上來，或許還需要垂降到他的起點，再陪他一起往上。

在互動的現場，我很習慣這樣的過程。不過寫書的限制是，我沒辦法和讀者一問一答，交互討論。

我和一些朋友在臉書公開社團〈自學數學團〉上，就是採取交互討論的方式，任何的數學教學問題或是數學概念的問題，放上去都會有人問答和解釋。

往往一個概念有三四種不同的角度去想，交錯來回，是很豐富的過程。

接著我們回到負數的主題來看看。

負數的概念並不難，但是對孩子來說是新的。凡是新的，一開始都要與已知的事物聯結，不然就會很難。

學新的概念，要從原本已知的經驗出發，效果才會好。如果先從名詞和公式出發，就很難理解。

像「溫度計」是生活中常見的物品，它以水在一大氣壓下的冰點，定為攝氏零度，就自然有了零下一度、零下五度等等。冷凍庫的溫度就是在零下。

另一個可以畫成數線的例子是海拔。海平面以上叫正的話，海平面以下就叫負。有刻度的尺，是常用的文具，也很適合拿來當例子。

從數線引入，就可以從原有的經驗出發，很好想像。

在數線的繪製上，有一點值得探討，就是數線應該畫橫的還是直的。

橫的數線，左方是負、右方是正，是比較常見的數

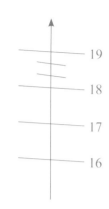

線畫法。其實,像日常使用的溫度計,我們通常不會把它橫放,而是直放。

直放的數線,下方是負、上方是正,這比較符合我們的自然經驗。高矮、高低、深淺,都是上和下的對比。反之,左邊小、右邊大的數線,可以說是人為的,只是為了書寫和印刷的方便而採用。

我在教學現場試過,發現直的數線,對於掌握符號有困難的學生,往往比橫的數線更好懂。

懂了直的數線,再去理解橫的數線所代表的意義,和直的數線其實完全相同,既可以理解橫的數線,也可以明白數線並不一定要是直的或是橫的,重點在不同形式的背後,都具有共同的結構。

透過數線,我們可以很快建立學生將正負數對應到位置的感覺。美中不足的是,單靠數線的繪製,並沒有直接交待負數的加減乘除。那怎麼辦呢?

書中篇幅有限,讀者可以上〈自由數學 Freemath〉網站,找到完整的負數四則教材,自行列印,陪孩子一起學習。

〈自由數學 Freemath〉起初是數學教育的前輩朱佳仁老師和我為了自己班上學生自學使用,一起編的開放式教材,自己班上一直在使用。

開放釋出後,有更多的朋友加入共同協作,而且因為開放授權的聲明,任何人只要上網即可瀏覽及下載,而且不用付費。現在許多單位都加入了開放教材的行列,例如九章出版社也把一部份的教材開放釋出。還有維基百科,更是龐大的學習資源庫。不同版本的開放教材,家庭可以視孩子的需要,自行組合搭配。

即使小學的先備知識充分,在六到七年級,遇到未

知數的引入、複雜的應用問題，還是讓許多學生必須改
變看待問題的習慣。這就導致許多原本還沒脫節的學
生，到了國中就開始脫節、聽不懂了。

　　在小學的時候，諸如「3 ＋ 8 ＝ 11」的等式，常常
只是用來記錄過程和結果。就算把「一棵樹上原本有 3
隻鳥，飛來 8 隻又飛來 6 隻，共有幾隻？」寫成「3 ＋
8 ＝ 11 ＋ 6 ＝ 17」的算式，也是可以接受。

　　但是學過代數的國中生，如果再寫

$$\text{「3 ＋ 8 ＝ 11 ＋ 6 ＝ 17」}$$

就不行。因為等號在左右兩邊沒有真的相等。要改
成：

$$\text{「3 ＋ 8 ＋ 6 ＝ 11 ＋ 6 ＝ 17」}$$

或是

$$\text{「3 ＋ 8 ＋ 6 ＝ 17」}$$

才行。

　　在代數的世界，諸如「$2x + 3 = 7x - 7$」這樣的
「等式」是我們要拿來運作的「物件」，而不只是運算
過程到運算結果的一種記錄。

　　這個轉換對於許多的學生，是陌生而困難的。

　　對於教學者來講，我們不宜只是去教孩子新的代數
算則，像是怎麼同加同減、怎麼移項，更重要的是背後
的東西，也就這做這些動作的意圖的什麼、目的是什

91

麼。

代數式，最基本的用途，就是表達。

例如，當我們寫下：

$$a + b = b + a$$

這條加法的交換律時，它是一條恆等式，代表不管 a, b 是什麼數，式子都成立。

我們無法舉出所有的數相加的可能，那有無窮多組。但是一條等式，就能代表無窮多組等式，我們的表達力就增加了。

代數式另一個基本的用途，就是猜謎。

我常和小學生玩一種猜謎遊戲，左手抓一把黑棋、右手抓一把白棋，然後只提供線索，由他來猜黑白棋子的數目。

比方說：「黑棋比白棋多六顆，白棋只有黑棋的一半。」

因為手上真的有握棋子，所以猜的對不對，打開一看就知道。

這個遊戲還可以變化，例如玩一玩改成輪流出題，這樣學生還可經驗到出題者的立場，或是如果對方是更小的小孩的話，可以從只有一種棋子和一條線索，像「我手上握的棋子，再多三顆的話就有十五顆喔」這樣的猜謎開始。

其實，黑白棋的猜謎，就是二元一次聯立方程式，只差沒有符號化。

在教學的手順來說，先概念、後符號，通常是學生比較好掌握的。

在知識發展的歷史脈絡，通常也是先概念、後符號，很少有人為了自己想都沒想過的概念，去發明新符號。

所以，介紹新概念時，除非真的找不到已知的表徵物，否則最好不要急著引入新符號，先用已知的表徵物，把概念建立起來，再去把符號對應到概念。

什麼是「已知的表徵物」？不是教學者已知的表徵物，是學習者已知的表徵物。我們要去問他，或是觀察他的手稿，來瞭解什麼是他已知的表徵。

要協助孩子，瞭解他的起點是最重要的，再來才是要發展自己本身的視野與高度。自己本身的視野與高度，甚至遇到問題再去想、再去學，都來得及。

〈自學數學團〉討論區上，許多家庭都是在親子數學時間遇到孩子提的問題，自己不會解釋，就把問題放到團上來集思廣益。大家分享原理的解釋，甚至是網路上已經存在的動畫、影片，他看一看自己想一想就懂了，就可以回去陪孩子一起看，解釋給他聽了。

所以，個別的概念問題其實都不難解決，最重要的是要知道孩子的問題是什麼，知道他的起點、目標和卡住的環節，才知道如何在茫茫的資訊海中，找到適合他的材料，自己先消化一遍，再陪他一起學習，或是一起研究、合作學習。

我們大概可以把課堂分為表演型和診斷型。

表演型課堂，老師會講課，講得很生動、很引人注目，學生會覺得很精彩，氣氛也很熱鬧。但是下課後，學生到底有沒懂，不一定，老師也不清楚。

表演型的優點在於，可以無限複製。學生有一百人，甚至變成影片在網路上，給成千上萬的人看，教學

表演型課堂

的力道基本不變。

不過，站在學習者的角度，他不一定要參加這樣的課堂。他可以待在電腦前面，去網路上找到一樣好的影片，一面喝茶、一面打毛線，一面可以用他自己的速度看。

看到一半，如果聽不懂了，還可以停下來去查查資料；如果想上廁所了，還可以按暫停，等回來之後再從停下的地方繼續播放。

若是覺得一個人學習孤單，在社交網站上很容易把學到的東西跟別人分享，聽別人的意見，討論交流。或是直接邀約朋友到家裡一起學習，偶而用網路，偶而關掉螢幕拿撲克牌或是手工藝的半成品、或是紙筆，一面聊天、一面玩、一面創作。

學習的情境，其實不需要在課堂上發生，也沒有必要二三十個人坐在書桌前，聽齊一的講述進度。齊一上課時，往往就連要上廁所，都得先報告老師，而且還會漏掉一段聽不到。

單向、表演型的課堂，早晚會被網路的學習資源和更自在更舒適的學習情境取代。

對於習慣上課就是進教室乖乖坐好的人來說，聽到自在與舒適的學習情境，或許會擔心孩子就會懶散。其實只要不是耽溺於逸樂之中，讓學習情境自在與舒適，是好事而不是壞事：身體的自由，也會讓意識自由；身體的限制，也會讓意識受到限制。

台灣經濟起飛時有一句「客廳即工廠」的口號，描述家庭代工和小額創業的情境。以現在資訊發達的時代，我們可以說「客廳即教室」、「社區即學區」。

在客廳教室中，不需要表演型的課堂，那診斷型的

課堂呢？

診斷型的課堂用雙向的互動，取代單向的講課，不會從頭表演到尾，氣氛也不那麼熱鬧。氣氛最熱鬧的時侯，往往都是佈題下去，學生合作討論解題的時候，而不是老師講課的時候。

診斷型的優點，在於學生學到多少，他自己清楚，老師也清楚。

但是診斷型的課堂人數不能無限增加，即使是有經驗的老師，可以帶好二、三十人的合作討論課，也無法放大到百人、千人的課堂，更不能拍成影片還保有等量的力道，因為關鍵都在互動中。

看影片的人沒有即時參與互動，就只是旁觀者，而不是參與者，對互動式的課堂來說，教學力道就差很多了。

以家庭與社群互助的客廳教室來說，一對一、一對二、一對四等，是很常見的情況，在人少的時候，診斷型教學顯然比較好。

許多家長不知道怎麼教，是因為習慣了表演型的思考方式，認為必須從頭到尾完整講解，講解完了發現孩子聽不懂，就挫折了。

事實上，要發展診斷型的教學能力並不難。只要留意教學從孩子的起點開始，先問他是怎麼想的？問他自己做到了哪裡？卡在哪裡？陪伴他從起點出發去學習。

學習診斷的用意，就是在瞭解學生真正的起點，包括已經掌握的概念、表徵、符號與策略，從中來評估適合他的教學題材與教學方式。

協助者，透過提出問題或是安靜地觀察學生的解題歷程，來瞭解他的思路、起點、以及適合的學習方式。

這樣的診斷式教學，非數理背景的父母，能不能辦到呢？根據十幾年的學習診斷經驗，我可以明確地說，如果父母下了決心，陪孩子從事親子的數學互動，願意陪孩子一起成長，就一定辦得到。讀者可以呼朋引伴、相互幫忙，在互動中累積一手經驗，這樣就可以相互支持、以有餘補不足，就不必依賴任何特定的診斷者，更不必依賴任何特定的表演者。

當然，這樣更節省，不必花大錢去買昂貴的教具。生活中的媒材經過活用，都能成為一等一的好教具。草木竹石，均可為教材。

互動加油站：守護孩子的主動思考

我因為自己沒開車，外出授課時，習慣請學生家長幫忙接送。後來有駕照了，會開車但還沒買車，還是和以前一樣，都坐在乘客位。

有一次，有位好心的家長借車，讓我換手開車，練習練習。

結果，她很訝異我竟然不認得路：「這段路已經開過很多次了啊！」

事實上，我的確不認得路。因為坐在乘客座上，是不需要認路的。後來我開了許多次，才慢慢認得路。中間不時還是需要問一下，需要一些指點。

乘客座和駕駛座有什麼分別呢？雖然經歷的道路都一樣，但是乘客是被動的，駕駛是主動的。

在駕駛座上，人就需要非常專注地認路，至少對於交通情況，有車子來、要閃開、要轉彎這些事，都必須要很專心，才不會出狀況。

在這個專心跟主動思考的過程中，人的意識就是主

動的，是自己主動去判斷和分析。當意識是主動清明的時候，學習效率是比較高的。

學習也是一樣。如果是在乘客座，什麼都不用做，最後就會到目的地的情況，當然就學不太到什麼東西了。

如果我們把自己孩子的學習過程，都安排成是被動聽講、被動接受考試，就像坐在乘客座一樣，強迫他把自己的「學習駕駛座」讓了出來，給老師、給學校開車。那麼，孩子學到是東西將非常有限，父母也是。

所以，站在父母的立場，最好是讓孩子能夠回到自己學習的駕駛座上，大人只提供側面的協助，例如提供地圖、指導交通安全、說明交通號誌、分享開車技巧、問答即時的疑問。不是放任不管，也不是替他開車，而是陪在旁邊，適度協助。

這樣的態度，是過和不及中間的中道。

有些教育學者，太強調要尊重孩子、要讓他適性發展、不要干涉太多；另外有些教育學者，太強調要給孩子非常完整的規劃、按部就班的評量和教學方式。這就是所謂的兩端。

放任那一端的危險在於，其實孩子對環境的瞭解，就像新手上路的駕駛那樣，是相當陌生的。所以，如果放任他自己去探索，有時會遇到危險，有時會陷入自己的習慣和狹小的視野中，變成井底之蛙。

另外強迫學習的那一端的危險在於，一旦孩子習慣被安排的過程，非常容易就失去主動性。但是他的主動性，是接下來的學習或創造不可或缺的態度，是非常珍貴的。

中道在於，觀察、陪伴並守護他的自由行動，平

97

常不介入太多，只在遇到危險、原地打轉或是失去目標的時候，再適度介入。

在數學學習上，若不准學生提問，有如把他關起來；若一味示範要學生摹仿，有如替他開車。就算有些步驟有示範的必要，也不適合一直使用這種教學方式。不然，長久下來，會讓學生失去主動性，以及創造性思考的勇氣和能力。

適性的教育工作者，就是思想自由的守護者。教師要瞭解學生的思路，才能精準地分析他目前在哪個取徑中的哪個步驟，才能善用診斷式教學的力道，來支持學生。

所以，診斷是教學的基礎，觀察、聆聽與瞭解學生思路的技藝需要練習。

觀察、聆聽與瞭解學生思路的技藝包含「同理能力」和「自身視野」兩部份：

同理能力

同理能力在於，能夠透過觀察、聆聽與互動的方式，瞭解學生的思路。

瞭解學生的思路，是很多成人所欠缺的能力，因為他們沒有這個習慣。他們習慣自己把自己的思路講出去，要小孩子就接收就對了。

反過來，他如果要去聽孩子的表達，有的時候孩子的表達不是那麼條理分明，不像大人說話這麼流暢；有的時候，他寫出來的手稿，可能也不是一行一行像教科書那樣，而是有他自己的插圖，或者他的字可能歪歪扭扭，有時一些想法記在左邊，另一些想法就記到右邊去了。

在這個過程當中，要耐心的瞭解他是怎麼想的，其實是需要一些練習，不是一開始就能熟達的。

這個練習最重要的是，要先放下一種自己是「表達跟講解者」的位置。先想說：我是一個學習者，我來學習你這怎麼想的。

等到知道他是怎麼想的，我們再回到「我是一個可能這方面懂得比較多的人，我來告訴你一些別的想法」。但是，這些想法是從你的起點出發，而不是我隨便亂講。

同理能力	具體指標
初級	能認真觀察學生的手稿，聆聽他的解說，不妄下評斷。
中級	能向學生學習他的思路，察覺學生沒講出來的部份，設問引導學生流暢表達。
高級	能暫時放下自己的知識系統和學習風格，站在學生的知識系統和學習風格來看待問題。

自身視野的部分在於說，我是不是真的懂比較多的人，這個事情很重要啊。

很多時候，我們認為我們會算負數、會算代數、會算分數的加減乘除，可是我們並不一定真的懂啊。

如果同一個概念，如果你真的懂它，你就可以切換不同的表徵方式。例如同樣是分數，我們可以用圓餅、用長條、用方形；同樣是代數、同樣是負數，也有非常多種不同的表徵方式。

你如果真的瞭解這個概念，那麼，你可以切換不同的表徵方式，或者，你可以把它相關的原理、相關定理的來龍來脈講得很清楚。

這兩件事情都很重要。你如果要從學生的起點出發的話，第一，他的表徵方式跟你習慣的表徵可能不一

樣。他可能喜歡畫成圓圈圈，你可能喜歡畫成長條圖。

你如果要從學生的起點出發的話，你就要能夠轉換成他的表徵，知道他的表徵方式跟你的表徵方式有什麼共同點，從他的表徵方式去拉到那個概念。

表徵方式之外，另一個重點就是來龍去脈。

學生會希望你講解觀念給他，像「為什麼負負得正」、「為什麼分數乘法是分子乘分子、分母乘分母」。

因為我們不要他死背，在原理的部份就要講解清楚，按部就班，合理地去推演。

按部就班的推理證明，當然網路上有很多資源可以查，教科書有些也會附上。重點是說，我們自己必須先走過一遍，才會知道是怎麼一回事。

自身視野	具體指標
初級	能運用不同的表徵，不同的取徑，來解決同一個問題。
中級	能分析出一個取徑中，各個微小的步驟。
高級	能運用更高的視角，找到不同表徵和取徑之間的同構，且能轉譯並分析各表徵和取徑的不同優勢。

欣賞的例子：L形四等分

我遇過一位沒上過什麼課的低年級學生，可以在沒有提示下，解出：「如何將以下L形切成四等份？」這樣的難題。

要將這個L形分成全等的四部份很不容易，國高中生，大人也未必能想出辦法。這個小孩是如何思考的呢？

讀者也來試試看吧！

先不急著翻到下頁看答案，想想看，要如何將這個

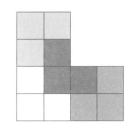

L 形分成全等，也就是形狀大小一模一樣的四部份呢？

右圖是印象中的學生手稿重繪。

從手稿，搭配探問，我們可以發現，她是先把每一個方形都切四等分，總共有三個方形，所以結果每塊都應該由三個小份組成。

接著從圖上可以看出三個小份可以併成完整的四個小 L 形，結果就出來了。

這個想法，嚴謹簡明，還真給我上了一課！

所以，別看不起小孩的思考，因為他們可能想出大人未必想得到的點子！

有人可能會說：她是資優生啊！當然厲害。

可是，她才低年級而已呢。就算是資優生好了，為什麼一般生，在小學六年、中學六年的數學學習之後，多了好幾年的學習，卻沒有發展出這樣的創造性思考呢？

甚至，有些原本表現很資優的孩子，在幾年的學校教育下來，知識單元有累積，但是卻愈學卻愈呆板、愈不懂得主動思考、愈來愈少創新嘗試呢？ 事實上，有研究顯示智力會隨著學習的過程而有起伏。主動思考、主動研究，會活化智力；被動的死背，會扼殺智力。

總而言之，我們佈了題，不只看學生的答案，還要觀察、探問、瞭解他的思路，這是件很有趣的事。

上面是欣賞的例子，不過，大部份的時候，教師並非只要欣賞，還要介入。學生有可能卡住，有可能走偏，有可能陷入細節，有可能用的符號太混亂，這些情況都需要提示。因此，教師佈了題後，看起來像在納涼，其實仍然保持覺知，在進行觀察和等待，隨時都有

可能介入。

　　但是也不必弄得自己太緊張。依照我的經驗，放鬆的專注，是最自然也最明晰的。

　　我們接著就來看一個需要介入的例子。

介入的例子：分數乘分數

　　診斷的佈題是：「請畫出代表『三分之二乘以二分之一』的圖，怎麼畫都可以。」

　　學生是小學高年級生，已經學過分數的乘法了。

　　左邊是他畫出來圖的重繪：

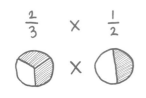

　　在這個圖中，我們看到「乘」並沒有被轉譯成圖形，所以畫出來的圖，也無法讓人一眼看到兩者的乘積是六分之二，或三分之一。

　　由此可知，他的分數概念是需要重建的。這張圖是需要介入的。

　　我們常常以為高年級和中學生學了很多數學知識，就表示他應該都會。其實即使表面上能正確計算，深處的表徵和理解，有可能完全偏離了概念的主軸，或是還停留在小學低年級的程度。

　　計算題和選擇題考不出這些。所以才要使用「引導表徵」的問題去診斷。

　　「引導表徵」的問題，通常是以「請畫出⋯⋯」作為開頭，以「⋯⋯怎麼畫都可以」作為結尾。

　　像是這個例子：「請畫出代表『三分之二乘以二分之一』的圖，怎麼畫都可以。」

　　或是：「請畫出代表『四乘以三』的圖，怎麼畫都可以。」

回到例子中，當我們發現學生想偏了，怎麼辦？

這時，我們要從事「支持性的介入」。

如果馬上說他不對，那是批評性的介入，容易打擊學生的信心。

支持性的介入，不是馬上跟他說他不對，而是用倒溯式的佈題，來引導他，把他已知的部份，和當前問題做一個聯結。

例如，我們可以這樣問：「試試看先畫一個代表二乘以三的圖？」

假如學生畫出右邊這樣，代表他有乘法的概念和正確的表徵，我們只要把它從離散量，擴充為連續量，即可接上分數的乘法：

教師一面肯定學生的表徵「很好，那麼接下來我們來做一點變化」，一面引入

這個連續的表徵，和

作一個對照，把乘法的意義，從個數延伸到長度和寬度，引入「長度乘長度等於面積」這件事。

這個動作是一個示範！

沒錯「示範」和「佈題引導」是要交錯進行的。不能只有示範，也不能只有佈題引導。

一般來說，當學生能自己想通時，可以持續佈題引導；如果卡住或是走偏太遠了，或是先備知識不足時，可能就會需要從基本處來示範。

2×3

也有時候教學是從示範開始。先示範一個基本，再往各種延伸和變化的方向，去佈題引導。

回到本例。當離散量擴充為連續量後，我們就可以透過發現式講述，一步一步推出分數乘法的基本概念。

例如，我們接著請學生在方格紙中，畫出長為三分之二、寬為二分之一的長方形，也就是下圖中的斜線部份：

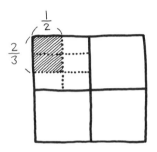

再問他：「你看，斜線的部份佔了幾小格？」

「兩格。喔！所以是六分之二！」

「沒錯。那為什麼分母是六呢？」

「因為切成六個小格。」

「對了。那麼再跟原本的圖對照看看，你覺得哪一個比較容易看出結果呢？」

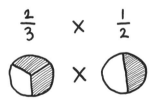

「新的圖。」

這些都不是佈題引導，都是發現式講述，雖然用問的，其實只是讓答案從學生口中說出。

過程中要避免太強烈的暗示，尤其不可以讓學生覺得你在期待他只能回答出老師心中要的答案。

　　事實上，學生完全有權回答相反的答案。那時就表示教學雙方需要再溝通。

　　如果進行到這裡都很順利，教師就有很多教學的施力空間，可以延伸到一般的分數乘法原理了。

　　例如，再舉「七分之三乘以五分之四，為什麼等於『七乘五』分之『三乘四』？」為例。

　　請學生比照前面的方法，手繪示意圖。

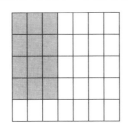

　　值得注意的是，這個介入很自然，並不突兀，而且最後的圖是由學生的手畫出來，而不是教師的手畫出來的。

　　將學生視為主動的探索者，而不是被動的摹仿者，這個態度很重要。

　　或許讀者會問：如果過程中，學生沒畫出完整的圖怎麼辦？

　　例如，請學生在方格紙中，畫出「長為三分之二、寬為二分之一的長方形」時，他可能只畫出：

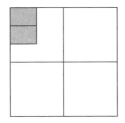

　　有的時候學生只畫到這樣，教的人得幫他加個幾筆虛線，標幾個數字，但畢竟最重要的部份，是經由他的

手畫出。

或者，他連這樣都畫不出，就需要再用倒溯法，進入他的知識之塔，去找出他真正會的部份在哪裡，再從那裡當起點來延伸。

無論如何，對教學者來說，要瞭解學生是怎麼想的，學生的手稿是非常重要的記錄和線索。

有些教學者為了方便，命令學生把計算過程、思考塗鴉都擦掉，只保留制式的算式和答案，這是非常不當的做法。

如果強制學生擦去手稿，除了教師會失去診斷的線索，學生也會失去反思和偵錯的線索。

有的學校還特別教學生如何保留和整理自己的手稿、自製筆記、甚至自製課本呢！

教育工作者若能透過教學，協助學生活化、深化手稿，是比表面的分數提升，更深入的成長與提升，因為他在思考的方式上，有了正面的轉變。

在結束之前，我們來做手稿加探問的診斷練習。

請找一位小孩，看他一題應用題的解題過程，請他把想法畫出來，並說一說他是怎麼想的。

之後重述給他聽，看看你有沒有瞭解他的脈絡。

別忘了謝謝他，或是鼓勵他，他的想法很好。

最後，把手稿和想法重繪，記錄在方格中。

_____的解題手稿

_____的解題步驟

國中

代數就是用符號代表數，在符號的層次先做運算，就不受限於個別的數字，而有更強的表達力。

例如，當我們寫下：

$$(a + b)(c + d) = ac + ad + bc + bd$$

這條乘法對加法的分配律時，因為它是一條恆等式，代表不管 a, b, c, d 是什麼數，式子都成立。

這比我們逐一舉一些永遠舉不完的例子，精簡多了。

對幼兒和小學中低年級的小朋友，123567890、$+$、$-$、$\times$、$\div$、都是抽象的符號。

中高年級的分數、比例、物理單位，一開始也都是抽象的符號。

在國中數學以上，有愈來愈多新的、精簡的、抽象的符號。$|\ |$、$\sqrt{\ }$、$\pm$、sin、cos、$\in$、∞、$\cup$、$\cap$、$\sum$、$\prod$、$\forall$、$\exists$、$\oplus$、$\int$、$\oiint$......五花八門。

只要記住一點，數學上，任何抽象精簡的符號，都是為了讓使用者少寫許多字而發明的。它的背後一定是一個完整的概念。

去瞭解那個概念，瞭解它在說什麼，再來對應到符號，就不難了。

舉例來說，我中學時一度覺得 $\forall$、$\exists$ 這兩個邏輯量詞符號很可怕。

但是，後來瞭解到它們的意思，不過是「所有的」（for all / for any）、不過是「有一個」（there exists），就像日常語言我們會說「所有的電器用起來都要小

心」、「我有一個朋友住在山上」沒有差別。

符號上， 也只是把 Any 的 A 倒著寫， 也只是把 Existis 的 E 倒著寫而已。

這樣看之後，這兩個符號就再也不難了。

代數方程式的學習，大至可以分為以下的階段：

一、解謎：不限方法，像猜謎一樣。「$2x + 3 = 7x - 7$」這個等式，聰明、敢猜的孩子，可能三年級左右，就能猜出正確答案。

要先經過「不擇手段」的解謎過程，才不會被後來固定的程序給綁死。

運用已知關係、等量公理、移項法則是為了節省思考的力氣，把程序規格化的產物，並不代表所有的問題，都一定要用等量公理、移項法則去做，也不代表它們一定比較快。

像「$x^2 = 2x$」這個式子，如果只會固定的一次方程解題程序，是做不出來的。但是如果是用一些彈性思考，猜猜看，很容易找到 $x = 2$ 這個解；如果提示一下解不只一個，或許還可以連 $x = 0$ 都能找出來。

二、運用已知關係：像加減互逆、乘除互逆，運用它們可以針對一些特定的問題，給出更快的正確答案。

對於會運用已知關係的孩子來說「$(x + 3) ／ 4 = 5$」可能會看成「x，加 3，除以 4，等於 5」所以反過來從 5 逆推「5，乘以 4，減 3，等於 x」，就解出 $x = 17$ 了。

三、等量公理、同解原理和移項法則：

等量公理是說，當等式兩邊同做一個運算，結果還是相等。

109

　　但是，方程式不一定兩邊同做一個運算，解都相同。比方說「$x = 3$」，把兩邊都乘以 x，得到「$x^2 = 3x$」這個方程式，解就比原來多了一個 $x = 0$。

　　如果要保證方程式兩邊同做一個運算，解仍相等的話，還需要加一個條件：該運算必須是可逆的，也就是像上面已知關係那樣，乘除互逆、加減互逆。在高中以上，也可以丟進指數、對數等等可逆函數中。如果限制兩邊都是正數，那麼平方和開平方，也是互逆的。

　　「方程式兩邊同做一個可逆運算，解仍相等」，稱為「同解原理」。

　　在國中通常沒有區分等量公理和同解原理的異同，可能是為了怕學生記不住。但是教學者（老師，家長）要瞭解它們的異同，才能精準說明：

　　「方程式兩邊同加減，或同乘除一個不為零的數時，解仍相等」。

　　回答孩子會好奇的基本觀念問題，例如：

　　「如果或同乘以零會怎樣？」（等號成立，但方程式不同解，所以不行）

　　「如果或同除以零會怎樣？」（兩邊都變成無意義）

　　「如果或同乘以 x 會怎樣？」（等號成立，但方程式不同解，會多出 $x = 0$ 這個解，所以不行）

　　「為什麼解 $\frac{1}{x} = 3$ 時，可以兩邊同乘以 x？」（因為原式中 $\frac{1}{x}$ 的寫法有意義，確保了 $x \neq 0$，所以是同乘一個不為零的數，沒問題）

　　由同解原理衍生的「搬過去變號」（同加減一數時）「搬過去跑到上面」（同乘以某一邊的分母時）、「交叉相乘」（同乘以某兩邊的分母時）就是所謂的「移項法則」。

如果不瞭解等量公理或同解原理的話，移項法則很容易誤用。比方說：

$$\frac{3x}{5} + 4 = x$$
$$3x + 4 = 5x \text{（把 5 搬過來放上面）}$$

就是一種誤用。

為什麼會這樣呢？學生可能只記得表面的移項法則，忽略了背後之所以成立的原理。

常見的移項法則有三條，背後的原理只有一條，就是同解原理。懂原理的話，就能像抓粽子頭一樣，用很少的力氣記住並活用許多的工具，也不容易出錯。

如果只記表面的形式，就像把一串粽子剪成一個一個獨立的粽子，這樣兩隻手都不一定拿得住。

方程式化簡的動作，說穿了就是在改寫題目。你這樣問我不好做，就把問題改成好做一點的，再改，再改，最後問題本身就被改成答案了。

像運用同解原理，

$$2x + 5 = 7x - 8$$
$$5 = 5x - 8 \text{（同} - 2x\text{）}$$
$$13 = 7x \text{（同} + 8\text{）}$$
$$\frac{13}{7} = x \text{（同} \div 7\text{）}$$

每個步驟都是在化簡題目，而不是直接計算答案。

為了尋找「一系列把題目愈變愈簡單的方法」，我們的焦點不再是個別的題目，而是放在式子的通性上面，也就是對一般的等式做什麼，可以維持等號不變；

對一般的方程式做什麼，可以維持解不變。

我們放下小學時「為達目的不擇手段」的解題精神，轉而把焦點放在如何打造出可以重覆使用的工具。

這個工具不一定最快，但是保證遇到同類型的問題，一定解得出來，而且不必很多思考，一步一步慢慢做就可以完成。

在資訊時代，這樣的工具，稱為一個「演算法」，當你找到這樣的演算法，就可以寫入程式語言中，由電腦代替你計算。如果沒有演算法，而是見招拆招，就沒有辦法叫電腦代勞了。

若說套公式，算題目，這些事機器也會，而且算的比人更快更準。數學活動絕不僅止於此。

$$ax^2 + bx + c = 0 \Rightarrow x = \frac{-b \pm \sqrt{b^2 - 4ac}}{2a}$$

這個配方法公式解只有一行，叫機器背起來或套用它都很簡單。但是整個推導的過程，才是最有價值的部份。

補充配方法推導如下，光用看的可能沒感覺。我以前中學時的學習方法是，看完要把它蓋起來，自己拿白紙從頭推導一遍。如果卡在哪裡再回來看，但是之後一定是再次從頭推導證明，直到不必查看為止。

我會願意在基本公式和定理的推導上花更多的時間，而不願意在解雜題上面花太多時間，原因很簡單，基本公式的推導過程就像粽子頭一樣，掌握它不僅是掌握公式本身，連同推導時應用的解題技巧、推理思路也能一併掌握。這些是雜題、习題裡沒有的，卻是建立品味的基石。

配方法的原始問題：已知 $ax^2 + bx + c = 0$，求解 $x = ?$

基本上，這就是要我們解一個不定係數的一元二次方程式。係數全部都是未知數。如果我們能解出這個不定係數的版本，之後任何給定係數的問題，都保證能解，套進公式就可以得出答案。

挑戰是，由於沒有任何已知數，我們只能使用操弄符號的代數技巧。

解：我們從已知出發

$ax^2 + bx + c = 0$（先把常數項搬到右邊）

$ax^2 + bx = -c$（接著把討厭的 a 除掉）

$x^2 + \dfrac{b}{a}x = -\dfrac{c}{a}$（接著要把左邊配完全平方）

（要湊成 $x^2 + 2xy + y^2$ 的形式）

$x^2 + 2 \times \dfrac{b}{2a}x = -\dfrac{c}{a}$（由一次項可定出 y 就是 $\dfrac{b}{2a}$ 了）

（兩邊各加一個 $(\dfrac{b}{2a})$ 的平方進去）

$x^2 + 2 \times \dfrac{b}{2a}x + (\dfrac{b}{2a})^2 = -\dfrac{c}{a} + (\dfrac{b}{2a})^2$

$(x + \dfrac{b}{2a})^2 = -\dfrac{c}{a} + \dfrac{b^2}{4a^2}$（左邊配好，右邊理個項吧）

$(x + \dfrac{b}{2a})^2 = -\dfrac{4ac}{4a^2} + \dfrac{b^2}{4a^2}$（再整理一下）

$(x + \dfrac{b}{2a})^2 = \dfrac{b^2 - 4ac}{4a^2}$（接著兩邊一起開平方）

（別忘了正負都有可能）

$x + \dfrac{b}{2a} = \pm\sqrt{\dfrac{b^2 - 4ac}{4a^2}}$（搬移並化簡根式）

$x = -\dfrac{b}{2a} \pm \dfrac{\sqrt{b^2 - 4ac}}{2a}$（再整理一下）

$x = \dfrac{-b \pm \sqrt{b^2 - 4ac}}{2a}$（這就是公式解了）

這種數字比較複雜的公式，如果硬背，很容易忘，或是背錯一兩個字。但是，如果札扎實實推導一兩遍，幾乎就不會忘。

人的記憶很有趣，喜歡有關聯和脈絡。只記結論容易忘，連過程一起記，反而就不容易忘。

國中階段一定要養成理解而不死背的習慣，在後續的學習，才會順利。高中職的數學，例如三角函數的公式，比國中更多更複雜，以前我在學生時代，就是靠著把每個公式都從頭推導一遍以上，才把它們掌握起來。這樣的掌握方法，非但不容易忘，而且如果背錯一兩個字，還可以自己回到推導的脈絡中，發現錯誤即時更正。

互動加油站：從學生的主動思考出發

明代章回小說《東遊記》中，八仙過海的故事廣為人知。

小說中，面對潮頭洶湧，巨浪驚人的東海呂洞賓說：「今日乘雲而過，不見各家本事。試以一物投之水面，各顯神通而過如何？」

於是，鐵拐李用拐杖渡過、漢鍾離用拂塵、張果老用紙做的驢子、呂洞賓用可以吹奏的蕭管、韓湘子用花籃、何仙姑用竹罩子、藍采和用拍板、曹國舅用玉版渡水而過。

這才成了今天人們津津樂道的「八仙過海」。如果大家都規定用一種方法，就沒有多彩多姿的「八仙過海」了。

解決問題的過程，非常多元，就像登一座小山丘，很多方向都能登上去，並不只有一兩種。有些大定理的

漂亮證法只有一兩種。但是一般在中小學遇到的問題，多半都可以一題多解。

一個問題常常有許多種不同取徑的合理解法，每種解法代表一種不同的思考面向。因此，在合作討論的課堂中，教師常會請不同組別的學生報告各自的做法和思路。透過彼此聆聽觀摩，來擴充視野和想像。

一題多解並不是說每種解法都要會，也不是說每種解法都一樣好，而是透過參照不同的解法，建立出一種凌駕於個別解法之上的判斷力和品味。

如此安排，解題就不是孤獨的努力，而是一個相互支持的社會行為。我們重視過程的多樣性，把焦點放在過程的參照與分析，而不只去關注答案對不對。

一題多解的例子很多，像有學生面對雞兔問題時，並不列出代數方程式，而是先猜全部都是雞，再從腳的差距算出兔子有幾隻；四則運算上，數感強的小孩常常懶得列直式，直接用心像的操作，來算出答案。

考慮一個問題，有 ABC 三種取徑：

A 是花十步，B 六步，C 三步。

以雞兔問題來講：A 可能是隨機試誤，B 是列方程式，C 是有策略的先猜再修。

如果小孩的解題方式是 A，教師通常不必介入，等他算到一半或算完後，自然會好奇有沒有更快的方法？

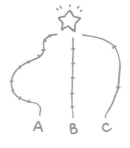

如果孩子沒有提出疑問，也可以問：「你成功了，很好，接著我們可以來想想看，有沒有更快的方法？」並出一題類似的來讓學生實驗，或是由教師示範。

如果教學目標是學會新的二元一次方程式，那終究會需要示範 B 路徑，但是要尊重學生主動想出的 A 路徑，肯定它，不要急著打斷它。

事實上，更好的示範是在 A 路徑和 B 路徑之間找到關聯，讓 B 路徑看起來像是 A 路徑的自然改良版，是把他的主動思考整理精鍊過的產物，而不是憑空跑出來的東西。

例如，在分析學生的 A 路徑解題時，讀者可以說：「很好，你在這邊猜雞有 5 隻，如果我們用符號表示，可以寫成 $x = 5$。那麼兔子的隻數呢？要不要也給它一個符號？」

或是「那麼每次要對照的兩個條件呢？如果用符號來寫，雞兔共有 10 個頭就是 $x +\cdots$」故意只講部份引導學生想出整體，如果學生沒想到再接下去「$\cdots y = 10$」。

有一個橋樑很重要，因為人都喜歡自己主動想的有意義，不喜歡被砍掉再移植陌生的想法。也就是說，如果能引導他自己想出來，這是最好的。

退而求其次，當孩子真的卡住時，也可以用「嫁接」的方式來示範。

嫁接

嫁接的意思是，找到學生思路合理的部份，肯定它，從那裡出發延伸，介入示範。如果學生前三步是合理的，第四步走偏了、或是卡住了，就從他的第三步開始往下示範。這樣至少保留住原本的根，是屬於他自己的。

最要不得是把思路連根拔掉。如果在教師太常表演「一人解題秀」，表面上精彩，卻忽略了學生的主動思考。

若成人一直把學生的主動思考連根拔掉，或是忽略它而使它失去茁壯的養分，他連思考的勇氣也會被消磨殆盡，也就從原本的自由，變成被奴役了。

同樣的，要引入一個新的數學概念時，也不應一下子就從名詞的定義和符號介紹，而是去喚起學生原本就存在的相關經驗，或是佈一個適當的問題，引導學生去產生相關思考，再去延伸、組織、結晶。

例如，要介紹正負數時，可以先拿一支溫度計來畫出「零下」，並且把「往上一步」和「往下一步」當做兩個操作，觀察這兩個操作如何相對抵消。

「 往上三步，又往下五步」可以記成 $3 +（- 5）$

「往上三步，又往上退五步」可以記成 $3 - 5$

小孩不難發現 $3 +（- 5）= 3 - 5$，並且可以推廣到其他數字。

例如，要介紹負數乘法有「負負得正」時，不要叫學生死背公式，而是從觀察秩序的方向，自然引導出結論來。

可以列出像這樣的幾條式子：

$$3 \times（- 2）= - 6$$
$$2 \times（- 2）= - 4$$
$$1 \times（- 2）= - 2$$
$$0 \times（- 2）=$$
$$- 1 \times（- 2）=$$
$$- 2 \times（- 2）=$$

再問：「如果觀察秩序，最左邊的被乘數，每減少一，總共的乘積會有什麼變化呢？」

「所以說，依照這個秩序，第一個空白的部份應該填多少？」

「再依照這個秩序，其他空白的部份應該填多少？」

讀者發現了嗎？不用一直「教」，只要適當的列式和適當的提問，就可以引導學生去發現秩序了。

這種教法我稱為「發現式講述」，跟蘇格拉底的追問法很像，是有固定結論的，但是不是強塞給學生，而是由他參與思考，重新發現的。

發現式講述就像帶不太會跳舞的人跳舞，要帶領他的節奏，也要配合他的節奏。

透過示範（教師主動創造觀察點）、佈題（教師設計問題，學生思考）、等待（等學生思考和組織所學，包括做筆記）、答問（學生主動提問，教師回應），這四種基本舞步，來感受學生的理解和好奇，與之同步，並再多引入一些，就可以創造出「重新發現」的參與感，讓學生感覺到自己參與知識形成的過程，而不僅只於被動的接收。

這樣的過程也符合歷史上數學知識發展的過程，發展工具是為了應用，探索新知是為了好奇，沒有憑空出現新概念這回事。

一個發現式講述的課程，教學節奏的片段，可能像是：

「示範→示範→答問→示範→佈題→等待→答問→佈題→答問→示範→示範→佈題→等待→示範→等待」

反之，一個過度偏重示範的課程，教學的節奏片段，可能像是：

「示範→示範→示範→示範→示範→佈題→等待→示範→示範→佈題→等待」

因為示範太多，學生甚至不敢提問題，而沒有「答問」的部份出現。

前面無論正例反例，引入 B 路徑都是一種有正當

性的教學。因為學生想到的 A 路徑，不如 B 路徑有效。

但是，我們考慮另一種有可能發生的情況，也就是學生主動想到的是 C 路徑，以該題來說，是一種更快的方法。

這樣子，引入 B 路徑的教學正當性不就蕩然無存了嗎？

記得我在剛開始帶數學課的第一年，帶國一生時出過「雞兔同籠」的問題。

當時有一位學生處理「雞兔同籠」問題的方法，是先猜，再修正。

這樣比列出二元一次方程式，也就是我想教的 B 路徑，還要更快。

當他有更快的方法時，很容易會覺得 B 路徑沒有學習的價值，若硬要他學 B 路徑，他會感到厭煩。

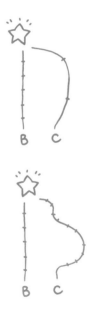

但是，如果像我當年那樣，B 路徑是當前教學的目標，也就是說無論如何還要教會他們列方程式，不能因為會算雞兔就略過，沒學到新工具，這該怎麼辦呢？

站在學生的立場去想，工具是要拿來用的，唯有應用才能突顯優點。

如果沒有遇到 B 路徑比 C 路徑更合適的問題，他為什麼要花力氣學一種比自己想的方法，更沒效率的 B 路徑呢？

所以我當時就臨時去想了一個類似這樣的延伸問題：「有三頭六臂兩腳怪、一頭無臂一腳怪、雙頭雙臂四腳怪，站在一起，共有 15 顆頭、26 臂、15 腳，請問三種怪物各幾隻？」

雖然有策略的試誤，在解雞兔問題的時候來說，比列方程式快，但是當我們把題目改成三元一次，那麼情

況就相反過來了。

要解決新的問題，變成列方程式比較快，也比較有系統。

當時，看到這問題和系統的解法後，原本堅持 C 路徑的學生，就同意學方程組是有意義的了。

我在這個例子中學到的是，當學生的 C 路徑比 B 路徑更快，使得 B 路徑失去教學正當性時，教師可以變化問題，臨場設計出一個類似的問題，加一點變化，使得 B 路徑只會複雜一點，C 路徑卻會複雜很多，來突顯 B 路徑的優點。

能不能臨場設計去這樣的問題變化，取決於教師本身的數學基礎，還有對學生講解 C 路徑時的聆聽同理能力。

當然，教師的工作不是打擊學生，在推銷 B 路徑的同時，我們別忘了肯定 C 路徑的價值，尤其當學生是自己想到時，特別可貴。

我們可以一面肯定他，一面跟學生分析現實：每種工具有它比較適用的情境，面對不同的問題時，各有優劣。

如此，學生思考的彈性也會增加。透過許多次的策略比較，逐漸發展出隨機應變的進階能力。

反之，如果學生明明有更快更好的工具，卻要強迫他按照老師教的方式；或是他有了初步的策略，卻被要求完全砍掉；就是在強迫學生經歷像是邯鄲學步的過程。

你聽說邯鄲學步的故事嗎？

燕國的小孩聽說趙國的首都邯鄲城的人走路很漂亮，就去那裡摹仿學習。結果呢？不但沒有學會，原本

自己怎麼走的也忘了，只好爬著回家。

　　我的腳有一些扁平足的特質，從小走路、打球時都必須發展自己的策略，才不會腳痛。過於勉強自己要和一般人用一樣的方式走和跑，反而會受傷。

　　可能因為這樣的關係，我對「邯鄲學步」的故事印象特別深刻。

　　另外一個和腳有關的成語是「削足適履」，把腳砍小一點以套進鞋子中，更是不幸。最不幸的是，類似「邯鄲學步」、「削足適履」的心理歷程，正是許多數學課堂的中小學生，持續在經驗的事。

　　大部份的人，天生都很有數學頭腦，後來數學會不好，多半是因為經驗了「邯鄲學步」、「削足適履」，愈學愈不會自己思考。主動性和探索的勇氣，愈學不但沒有愈高，反而愈低了。

　　在《數學教學的藝術與實務》（林文生、鄔瑞香著）中，有一則發人深省的真實故事。

　　故事是大人小孩去吃披薩，每人 199 元，正在算三人共要付多少錢時，上小學三年級的哥哥還在找紙筆，還在念幼稚園大班的妹妹，不需要紙筆，已經算出答案了。

　　她的策略是先當作每人 200 元，再扣掉 3 元。

　　這樣的確不用紙筆，也不需要寫乘法直式。

　　但是過了兩年，這位妹妹上了小學，遇到類似的問題，也變成了只會用紙筆。「沒有紙筆，就算不出來了」。

　　想想看，為什麼她本來會算，後來不會算呢？

　　為什麼原本她可以如此有策略地處理問題，後來卻

只能用單一制式的方式解題呢？

我認為，關鍵就在主動性。

主動思考，才有「策略」可言；被動摹仿，只能說是在「演算」。演算是機器也會的事，電腦演算的比人還快還準，為什麼我們的教育要那麼強調演算？不但沒有培養和強化學生的主動思考，甚至反而削弱它呢？

《數學教學的藝術與實務》書中這個章節的標題是「誰把孩子教笨了？」

誰把孩子教笨了？很聳動，卻很實際，也很切中要點。這是所有數學教學者，都應該反思的。

我們前面講過，教學不當會有副作用。「使學生的思考主動性降低」就是一種制式數學課的嚴重副作用。

會算的愈來愈多，主動性卻愈來愈少。這很奇怪。

健康的教學，應該是讓學生會算的愈來愈多，主動性也愈來愈高才對。或許有人會懷疑：一班人數有多少啊？哪有可能兼顧每個孩子的想法？所謂的健康教學，只能在小班做吧！

且不論很多小班和一對一的教學，也很制式、不健康，我們其實也可以在更大的班級從事適性教學。

事實上，只要透過分組合作的方式，就可以讓同學之間相互分享、相互合作。

透過合作解題的討論課，只要佈題的老師佈得有趣、有深度，且能引導討論的秩序和氛圍，一樣可以讓每個人都保有自由而且逐步深化的思考。

討論課有趣的地方，在於教師的佈題要放在學生的近測發展區，激發學生的創造力，去思索、建構出他們自己對問題的掌握。

在學生有疑問或是卡住時，老師還是會透過提問引

導，或是直接示範的方式去輔助，但是那只佔知識搭建的三成左右，其他七成都是學生自己研究，以及和同學合作討論創發出來的。

　　成功的討論課堂會讓學生感到知識有很大部份是「我想出來的」，而不是「我學到的」。

　　「操作體驗活動」、「合作討論」、「發現式講述」、「個別演練與解惑」這四種具威力的課堂形式，只要帶好小組互助的學習氛圍，都是可以在大班進行的。

　　如果把教學目標放在「帶好每一位學生」的話，讀者應該不難明白，帶好小組互助的學習氛圍，是必要的事。

　　以「個別演練與解惑」為例，單靠一名教師，就算外加一名協同老師，兩人也不可能即時回答二、三十位學生的個別提問，所以一定要靠同儕互助合作。

　　教師可以以身作則，示範如何用正向的態度，聆聽和解惑，並鼓勵同學們學習榜樣，會的教不會的，還可以說「教別人是最好的複習方式」這一句真實的鼓勵話語，打創造合作的氣氛。

　　如此，當一整組都不會時再舉手叫老師，老師的工作就輕很多，才有可能真正讓每一個人的問題都被照顧和解決，因而讓大家都勇於發問。

　　我在大學時，最奇怪的點是同學好像都不太敢發問，或是只敢私下問同學，不敢在課堂上問老師，但是教授其實多半滿喜歡學生發問的。

　　這樣的落差應該是來自中學時代的學習經驗。中學時提問可能會被老師罵，或是忽略，這樣的氣氛待久了就造成人不敢發問，到可以發問的大學仍然不太敢問。

　　所以在我提出的「學想問練玩」五字訣中，「問」

個別演練與解惑

合作討論

是很重要的數學學習態度和能力。

以「合作討論」課為例，教師帶領的要點在「問出值得思考的問題」和「流程引導」。

老師常在合作討論課堂，問出值得思考的好問題，也會成為學生的榜樣，鼓勵學生去想出好問題。

身為引導孩子的成人，我們應該要把握住一個原則：不要放過學生主動、認真提出的每一個問題。

學生的自然好奇，常常是很好的問題。它不一定適合當合作討論的佈題，但是教師只要認真對應學生的每個問題，久了自然對好問題有一定的敏感。

同樣為了激發主動思考，一個「發現式講述」課堂，帶領要點在「留白」。

教師閉上嘴巴的時候，就是學生開始動腦袋的時候。

所以，教學者不管示範與表演的能力有多強，都不應該滔滔不絕，從頭講到尾，要在適度的留白和引導性的提問。

讀者可以回想自己過過的好老師上課時的樣子嗎？他是否有留白和引導性的提問呢？

最好的老師，不是最吸引人的老師。最吸引人的是電視，看太久電視會變笨，這是大家都知道的事。

對我來說，老師應該是要協助學生主動思考，愈來愈聰明，因此我認為，要守護學生的自由思想，除了自己的學養之外，最需要鍛鍊的是等待、聆聽、觀察和示範，而不是吸引人的表演、離奇的笑話、更不是沒有一絲絲留白的「教師個人解題秀」。

等待、聆聽、觀察和示範，都需要同理心。

坊間有很多介紹「同理心的力量」的書。同理心確

實是陪伴和支持的關鍵力量，也是在解答學生疑惑時不可或缺的心態。

　　教師和學生經驗不同，知識不同，自然有溝。有溝就要溝通，就要對話，就要交叉確認彼此的意思。所以需要同理心。

　　善加組合「操作體驗活動」、「合作討論」、「發現式講述」、「個別演練與解惑」這四種具威力的課堂形式，在二三十人，甚至更多人的班級，也可以達到兼具創造力、理解力和計算能力，並守護學生思考主動性的健康教學。

　　我舉一個可以在大班帶的例子：「螳螂人數學」

　　在「螳螂人數學」的主題中，教師只在開頭講個故事：

　　「從前從前，有一個遙遠的星球，住著一群螳螂人。他們有先進的文明，用六隻腳做算數。」

　　「我們人類當初為什麼會採用十進位？很可能是因為我們有十隻手指頭。螳螂人就不是了。他們的數字，是六進位的。」

　　「一、二、三、四、五，再來就是十，他們的十念作六。我們的七就是他們的十一。」

　　接下來，再示範基本的六進位記數原則，之後就透過佈題討論的方式，讓學生自己找出六進位對照表和加、減、乘、除、小數等運算原理。

　　你也來試試看吧！

　　下頁有一張未完成的十進位和六進位數字對照表，請補完它。

　　寫完後，再試試另一張未完成的六進位「五五乘法

人 （十進位）	螳螂人 （六進位）
0	0
1	1
2	2
3	3
4	4
5	5
6	10
7	11
8	12
9	13
10	14
11	15
12	20
13	21
14	
15	
16	
17	
18	

1	2	3	4	5
2	4	10	12	
3			20	
4				
5				

表」。

過程中，你發現了什麼呢？

接著，請以螳螂人的六進位算算看：

42 ＋ 5 ＝   2×31 ＝

31 ＋ 23 ＝   40×31 ＝

23 ＋ 45 ＝   42×31 ＝

你發現了什麼呢？

國中自學

先講講我自己的國中學習經驗。

國中第一次學因式分解時，真的覺得很沒意義。之前學了那麼久把式子展開，現在卻要把展開的式子合併為因式型。這不是走回頭路嗎？

$(x + 2)(x + 3) = x^2 + 5x + 6$ 展開就是用乘法把式子乘開

$x^2 + 5x + 6 = (x + 2)(x + 3)$ 因式分解是展開的相反

後來學到一元二次方程時，我才瞭解到原來因式分

解法是有用處的，它可以用來解一元二次方程式！

　　因為任兩個式子相乘，若結果是 0，它們其中一個必定是 0。

$$AB = 0 \Rightarrow A = 0 \ or \ B = 0$$

　　所以把二次方程簡化為兩個一次方程，各個擊破就很好解了。例如：

$x^2 + 5x + 6 = 0$ 看起來不好解

$(x + 2)(x + 3) = 0$ 把左邊分解成因式型

$x + 2 = 0 \ or \ x + 3 = 0$ 變成兩個一次方程式

$x = -2 \ or \ x = -3$ 一下就解開了

同樣的

$$ABC = 0 \Rightarrow A = 0 \ or \ B = 0 \ or \ C = 0$$

　　三次方程，或是更高次的方程，只要能化成一次因式的乘積，要解就是瞬間的事。

　　但是，當時課本的編輯方式，是先教因式分解，再教一元二次方程式。等於是先教工具，再教目的。

　　這樣「先教工具，再教目的」前後順序，存在於課本的許多單元中。

　　但是，這不符合數學和科學的歷史，也不符合人的認知發展。

　　歷史上，大部份的工具，都是發明來解決問題，或是針對已解決的問題，提出更簡便或簡精準的改良。無

論如何，都是先有問題，才去發明工具。

同樣是一元二次方程式，在編製假想情境的應用問題時，加上一點點現實感，就會像是：

「格列弗在巨人國，遇到高 980 公分的巨人；在小人國遇到高 20 公分的小人。格列弗發現，他眼中的小人，就跟巨人眼中的他一模一樣。請問格列弗有多高？」

「開心麵店的大滷麵，每碗成本約 10 元。當每碗賣 40 元時，每天約可賣出 200 碗大滷麵。老闆想改變定價。他估計：價錢提高 1 元，每天賣出的量會少 5 碗。降低 1 元就可多賣 5 碗。在這種估計下，請問他的大滷麵每碗賣多少錢，對他最有利？」

「空投的救援物資從 300 公尺的高空投下。不考慮空氣阻力，它的位置隨時間變化，其函數為 $x(t) = \dfrac{300 - 9.8\,t^2}{2}$ 其中 x 的單位是公尺，t 的單位是秒。請問救援物資要幾秒鐘，才會落到地面？」

「如果固定長度的繩子，靠著一面牆，圍成一個長方形。請問要怎麼圍，面積最大？」

這樣雖然是編造的情況，大概可以感覺到一點意義感。

這讓我想到一個流傳很廣的數學笑話：

大學生跟教授抱怨：「牛頓和萊布尼茲的時代真好，只要會微積分就能當數學家。現在我們要學好多。」

教授回答：「不是這樣。牛頓和萊布尼茲是發明了微積分，才當上數學家。現在你還在學習前人的知識呢，要想想你要發明什麼。」

發明和創造的過程，都是先有目的，再去創造工

具。

在國中階段，生活的應用開始抽象為物理的知識，尤其是力學。

時間、距離、速度、質量、力、加速度，這些物理量的研究，是牛頓和萊布尼茲時代的數學研究的一大重心。微積分可以說是為了物理而發明的工具。

因此，在國中把物理和數學分科，其實劃分得很生硬。在微積分之前的數學，包括三角函數、指數與對數和幾何學，都應該和物理，包括天文、地理結合起來，因為歷史的脈絡正是如此。

幾何學的字源就是測量土地，這在國中課本也有寫，但是，有多少國中數學課，會真的去測量土地呢？

物理也是一樣，如果多一些自己動手做實驗，不只是在考卷上進行思考實驗，就更能用全身的意識去掌握和理解。

我想說的是，物理來自我們所處的生活世界的秩序。牛頓的書名取為《自然哲學的數學原理》可說是給物理學一個很鮮明的定位。

物理來自生活世界，而國中、高中的數學，絕大多數的知識和物理都密不可分。

可見，如果學生在國高中感覺不到數學的應用價值，就是被局限在太窄小的範圍內了。

怎麼解套呢？動手做實驗，把物理中的「力學」學好，大概就可以突破十之七八了；再寫一些電腦程式或動畫，例如 Geogebra，就可以超越窄小的範圍，反客為主，把數學當工具，而不是被數學壓迫了。

對於感覺到被數學壓迫的學生，常常是有從小學帶上來的問題。因為數學學習有非常明顯的先備後續關

係，所以問題也有很明顯的累積性，前面沒有解決的問題，都會延續到後面來。

我遇過許多國中生，透過倒溯，可以找到他在四到六年級時的洞，甚至可以再追溯回二到四年級，20以內的加減策略就不足。這些洞洞一路影響他們的學習，到國中來愈來愈嚴重，一開始都不會反映到成績上，等到一次爆發，反映到成績上時，就會需要外力的支援了。

外力的支援並不是指補習班，甚至不是一般的一對一家教。

真正需要的外力的支援，是診斷出先備知識的洞洞，並改善問題解決的策略與習慣。

這個方法，是可以親子協力，也可以自我進行的。

首先，畫一條線，並標上小學，國中的記號。如果是更大的學習者，可以再標上高中、大學……

然後，請畫出你在每個年段喜歡數學的程度，通常這也會是成就感高低的程度。

如果學生畫得像這樣：

這表示問題出在國一左右，可能要從正負數、分數四則和一元一次方程式的地方去複習。

如果畫起來像這樣：

　　這表示問題在小學四五年級就發生了，可能要從分數基本概念、把應用題畫成圖、乘法和除法直式複習起。否則在當前的單元，做再多的練習題都沒有用，只會讓孩子更挫折而已。

　　時間軸的畫法是很快速很有效的診斷工具，它也可以喚醒孩子成就的記憶：「我不是一直都數學不好，我在三年級以前數學都很好的。」這多少可以破解信心低落的魔咒，喚回一些信心。

　　在回溯探索的過程，如果需要用到更細的、以單元為基礎的學習地圖，可以到「自由數學 Freemath」去下載列印，或是直接用自由數學 Freemath 上的動態學習地圖。

　　透過地圖，瞭解學習的起點、瞭解哪些段落才是真正的有效學習，從那些地方著手，才能學得有成就。才有可能一步一步追上進度，在學校才不會一直經驗挫折和無效學習。

　　這樣的做法和特殊教育領域的個別教育計畫是一樣的。

　　對於像數學這樣有「先備後續」關係的學門，一定要從學習的起點往上搭建，學習才會有效，這是目前為止，大家一致認同的法則。

　　教育界的學者和體制學校的老師也都知道。但學校會說它沒人力、沒經費為每位學生量身打造個別教育計畫。這可能也是實情。

　　既然大家都知道辦不到只是因為資源不夠，那麼，學生或家長為何不能自己拿著學習地圖，為自己打造個

別 學 習 計 畫（Individualized Learning Program, ILP）呢？

其實，所謂的自主學習並不一定要離開學校，但是一定要離開「凡事都等著別人安排」的情況，要為自己打造個別學習計畫。

在個別學習計畫中，每個人都可以評估學校課堂的角色，怎樣從無效變成有效。

或者說學校課堂裡沒有給的，但是學生或家長覺得重要的，就要自己安排時間去體驗和探索。

植物成長需要陽光空氣和水，如果學校只提供空氣，我們就要自己去找陽光和水。

互動加油站：活用電腦

我自己以前是國中開始學寫電腦程式。

近年來，容易上手的程式語言愈來愈多、創作工具愈來愈充裕、開放源碼的自由軟體社群愈來愈蓬勃。似乎六、七年級開始學，是恰當的時機。如果家庭本身能自己教、不用出去上課的話，早早開始也是好的。

目前也有不少小學教師，利用電腦課的時間教 Scratch 這種較易上手的拼圖程式語言，也有中學老師運用 Geogebra 在數學教學上，也有人在教簡易的機器人設計，如 Ardwino 等等。

像 Scratch 和 Geogebra 都是非常精緻的免費教學軟體。

Scratch 讓設計者可以很方便用拼圖的方式做出簡單的小遊戲，放上網路和朋友分享。

Geogebra 很適合做出漂亮的動畫、學習單、插圖，既可放上網路和朋友分享，也可以印成紙本。

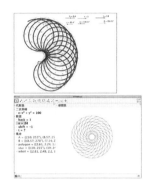

如果再學到 HTML, CSS, Javascript 的網站開發語言的話，d3js.org 上各種令人驚嘆的例圖，都可以改幾行程式碼，自訂資料，就引為己用。

自己瞭解如何設計和運用強大的資訊視覺化工具，就不會只限於編輯文件檔、寫部落格以及在社交網站上留言了。

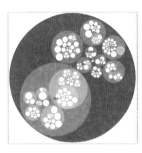

在國高中的數學領域中，除非老師有特別設計，否則若只是照本宣科，學生完全沒有完整組織、表達的機會。

由於電腦閱卷的便利，現在大型考試大都改以選擇題為主。

但是，選擇題大多只能考到片段的知識。連技職證照的考古題，絕大部份也是在網路上查兩分鐘就能查到的「豆知識」，像豆子一般，小小顆粒一樣的知識。

歷史上的科舉考的並不是選擇題，而是申論題作文。透過複雜的大哉問，來考驗完整組織、表達、再創造的能力。

現在許多應用領域所需要的人才也不是只會豆知識的人，而是可以完整組織、表達、再創造的人。

學習者不能以選擇題當作主要的準備方向，而應該去實際解決一些比較複雜的問題、累積實際創作、與人協同的經驗。

想想看，國文、英文都有作文的練習，因為作文是一個有脈絡的完整表達。從寫作文的過程中，我們學習如何組織、應用和再創造。

寫程式就像數學領域的作文，把知識組織、應用和再創造，成為美觀實用的作品。

不過，程式語言的學習，就像任何工藝一樣，入門的引導者會大大影響學生對這門工藝的想像。

如果引導者本身的視野不足，缺乏延展性，學生也很容易覺得事情「僅止於此」而不想繼續學習，或是學到許多「煙火秀」，卻難以更進一步深造。其實，數學也是一樣。

好的入門引導者不一定是該領域的頂尖高手，但是要有一定的品味和視野，懂得欣賞什麼是好的、什麼是不好的；什麼是重要的、什麼是次要的。

好的入門引導者還要認識一些專業級的高手，能判斷什麼時候應該將學生引介到更懂的人那裡去，或是如何提供比自己所知更深的學習材料。

能做到這樣的老師，才是合格的入門引導者。如果學生未來想成為頂尖高手，可以從這位引導者得到支持，而不是被對方的深度所限制。

因此，並不是每個開班授課的人都是合格的入門引導者，若只有做些煙火秀、嚇唬初學者、使之崇拜的本事，並不足以為初學者啟蒙。能嚇人、能炫惑人，跟能引導人是兩回事。

所以，如果自己不能教，最好也不要盲目送孩子去學程式。跟到不適合的人，還不如自己試著帶孩子一起學，用網路上諸如 code.org 的資源上手。就算速度不快、至少沒有被誤導的風險。

事實上，程式的學習並不是玩一玩 Scratch 或是一些快速達成動態效果語言就夠了。

煙火秀和基本功的區別在於結構的複雜度和向外的

延展性。

像是 for, while 迴圈、函數與遞迴、字串剖析、正規達表式（regix）、讀寫檔案和提取遠處的資料等，在只著重煙火的學習中可能會被忽略，但是長久來看，要搭建出一些自訂的效果，這都是很基本的。

只要是用語言控制電腦自動化運作的，就都是程式。在不同的方向可以做不同的事，例如：

a. 大量運算

b. 超連結

c. 提取遠處的資料

d. 存取並整理大量的資料

e. 字串剖析

f. 資訊視覺化

g. 會動的機器人

有了一些多角度的基礎，寫過網頁與單機的三四種不同語言的基本語法、比較能去綜合比較，產生自己對程式的想像和發展，也才能判斷自己想學的方向和想學到的程度。

至於現在流行的軟體和硬體整合連結部份——像 Ardwino 可以將程式連到馬達、感應器等自動裝置，製作機器人等自動裝置。

如果對物理、機械有興趣的話，可以一路鑽下去，愈做愈深。如果滿足於效果但是沒有物理和機械知識的持續充電，就比較難超越淺層的煙火秀。

但是，就算沒有要鑽這塊，有一點認識，至少可以知道程式並不只是在電腦、手機上跑，從自動櫃員機

（ATM）、交通號誌、遙控車、遙控飛機等裝置上都有不同種類的程式在運作，這在整體的想像上是有意義的。

還有科學家在研究用腦波當輸入源，不用觸控也不用鍵盤滑鼠，就能控制電腦的裝置，所以各種可能性都是可以想的。

我自己的經驗是，一開始不必接上自動化，光靠物理的知識就可以對居家生活機能，起很大的改善作用。

例如在門裝一個釣角線和拉環，就可以在風雨大的時候，先進門再關門，不會被淋溼；用多角度的懸吊，就可以憑空架起一個足以書寫的黑板；有些桌子有輪子，就比較好彈性變化配置；沒有輪子的桌子則創造基本的動線和安定感。

電燈不亮，可以自己修好；馬桶壞了，可以自己買橡皮塞來換。

先習慣把生活中的裝置，一部份靠自己動手去維護和設計，再去整合自動的電腦程式設計，會更有感覺。

畢竟，自動是為了減少手動的時間和力氣，但還是要先有「手動 DIY」的經驗，才會比較有實際的需求與構想。

無論在居家的裝置上，還是電腦的文件、檔案處理上，都是如此。

在學校的學生時常計算和做筆記，因此 Geogebra 這套免費的學習工具（其實大部份的程式編輯器都是免費的）會很好用。

例如國中的直角座標與函數單元，會有 $y = ax + b$ 的線性函數，問當 a 變動時，函數圖形會受什麼影響？當 b 變動時，函數圖形會受什麼影響？

一般人通常只能用想像的，或是設 $a = 0, a = 1, a = 2$ 分別作圖試試看。

但如果是用 *Geogebra* 的話，可以把 a, b 設成數值滑桿，再寫下 $y = ax + b$，然後真的去模擬 a、b 的變動。當 a、b 變動時，程式會自動改變圖形。

在二次函數、指數、對數和三角函數單元時，也可以透過模擬來掌握自變量和依變量的關係。

在幾何作圖方面也是如此，有自己尺規作圖的經驗固然是重要的基礎，但是會用尺規，有「手動 DIY」的經驗與能力之後，有些圖就不如讓程式自動畫，比較快，也可以呈現自變和依變的動態關係。

我在學生時代還沒聽過 Geogebra，真正開始用這個工具是在編教材時，因為需要很多精準的圖解，而它比一般的繪圖工具方便很多。

後來才發現這個繪圖工具也有一些處理程式的功能，例如可以透過定義序列，畫出很漂亮的同心圓、多角星、螺線等，還可以做動畫、寫試算表，在學習與教學上都很實用。

我常覺得，讓學生擁有老師的工具，可以自己去發揮，是最好的事。

現在學校的課本和教師手冊的內容相差很多，學生認為在上課時聽到老師「課本外的補充」，覺得老師好厲害、能講出課本沒有的重點和延伸補充，其實那些補充講解，有些就只是取自教師手冊，一字不改。

想想看，如果有一個班級在發本子的時候把教師手冊發給學生，把課本發給老師，那麼，還有多少學生需要老師教？還有多少老師教得動呢？

老師的意義應該不在於擁有比學生更多的教材內

容，而是在於學習的方法與經驗，懂得如何去整理、組織、表達和啟發學生的思考，幫助學生突破難關。

因此，我和合作的老師都不把自編的教材上鎖，而是直接放上網路，學生與家長都可以自由下載。這就是「自由數學 freemath」計畫背後的想法。

六七年級就可以開始學寫程式，不一定要等到大專或出社會再學，原因在於：

● 已經具備閱讀能力和一定的資訊篩選能力，使用網路比較安全（一開始還是需要一些陪伴引導）。
● 學寫程式可以意識到電玩上的一切都只是設計者建立的資料，可防治電玩上癮。
● 數學上已涉及大量計算，可以體會寫程式簡化計算的威力。
● 已學習到代數符號，可以運用變數與函數，來把學到的公式變成可執行的工具。

如果學生的數學能力強，與其讓他跳級，還不如學寫程式，跟數學能力可以相輔相成。

不過，自動化的設計，大都是以 DIY 的習慣為基礎。

如果平常沒有寫網站、製圖表的需求，當然就不會想到設計程式來寫出大量的網站、製作動態的圖表。

所以，許多中小學生第一個想用程式做的，就是小遊戲。

那也無不可，只是如果作品的結構複雜度一直停留在 Scratch 學三五天就能寫出來的動畫與小遊戲，對於

未來要做更複雜的資料處理、統計、網站，幫助並不大。

在目前台灣的學制中，中小學都是要求學生筆算，在上大學之前，可能都感覺不出程式的重要。

但是，大學以上的數學，凡是複雜計算的部份，都是寫程式讓電腦算。

我們的教育制度並沒有設計良好的接續，所以才會在中小學給人「學數學不用碰程式」的錯覺，其實再往上發展，完全不是這樣。

再來看看應用的層面。目前業界對軟體開發人才的需求是供不應求的。

當然業界的供需可能會變，但是在以機器節省與取代勞力的大趨勢下，未來在各領域自動化的程式設計也都還是會很重要。

如果暫不考慮社會角色，光是看一個對數學有興趣的學生，要與大部份不太懂數學的人溝通，程式也很重要。如果寫數學符號，例如 $\forall_{x \in R} \exists_{n \in N} n > x$，沒學過這些符號的人，看不懂就是看不懂。

既然大部份的人是看不懂的，那就無法與大部份的人溝通了。

但是，如果把想法寫成程式、做成網站，那麼不懂數學的使用者還是可以接收到設計師想傳達的秩序與訊息，也可以交流、對話。

透過電腦的轉譯，可以把抽象的結構寫成程式碼，就直接能跑出網頁、動畫、遊戲等讓人一目瞭然的東西。

有些人可能會懷疑：中小學生對寫程式會有興趣嗎？其實，如果沒接觸過，怎麼知道有沒有興趣呢？

中小學生平常在電腦、手機前接觸的是什麼？

大多是別人寫好的程式，各種各樣、五花八門的小遊戲吧，但自己並沒有接觸過背後的程式結構，也不知道如何自己設計。

就像有的小朋友以為電就是從插座上來的，因為他沒有自己接延長線的經驗，也沒有去看過電表、電箱、電線桿與電塔的連結。

也有些小朋友以為水就是從水龍頭出來的，好像任何一個地方裝上水龍頭，就會有水。

水往下流是自然的，要往上抽則需要外力。公寓大樓多半是在樓頂設水塔，而排水的管線則在地下。

大人可能認為這是常識，但是對於用習慣的小朋友來說，有可能從來都沒注意過。

電腦、手機也是一樣。

如果讓孩子接觸許多現成便利的東西，卻對於背後的結構與設計毫無概念，其實是在養成「消費者」。

人在社會上不可能一直當消費者，一定要有創造，才會有踏實的成就感。所以像電腦這種東西，如果會寫一點程式，其實可以是很多元地創造工具。

當然，知道電是從發電機把不同的能源轉換能電能，再透過高壓電輸送、變壓成較低的電壓後引進住宅中，也不代表能自己蓋發電廠。

知道水流大致的來龍去脈，也不一定就能夠自己接管線。但是，有 DIY 過一些電磁的實驗、水的實驗，看待水與電的角度，就會不同。

電腦程式也是一樣，不一定每個人都要寫多麼複雜龐大的程式結構，但是有一些 DIY 的設計經驗，就能

用「設計者」的角度，而不是「消費者」的角度來看待程式。

以「設計者」的角度取代「消費者」的角度，才會讓人保有持續的創造力與學習的熱忱。

看大的東西，做小的東西，一點一滴累積能力，到可以做出愈來愈接近、甚至超越當初令人震驚的作品，那就可以兼顧大視野的概念與小階梯的累積了。

「大視野的概念」很重要，沒看過就無法想像。這是一般學校在寫程式的時候最缺的東西。去問國高中生，他們會說「寫程式？那啥？」或是「那有什麼用？考試又不會考。」這就是學校視野和學界、業界環境的落差。

「小階梯的累積」當然更重要。光看不做是不會進步的。所以還是要一步一步做出愈來愈大的作品。

但是，編程聽起來是「術科」的事，和數學這樣的「學科」有何關係呢？

總的來說，我的心得就是八個字：「學以致用，用以治學」。

數學的活動，主要是觀察秩序、建立模式、解決問題和精準溝通。核心在於「變形」、「同構」和「投映」。

「變形」：把同樣的東西轉換不同的形式，以便於處理。例如分數的通分。$\frac{1}{2} + \frac{1}{3}$ 先各自轉換分母為 6，才好相加。這個轉換不影響它們實際的數值，只是形式改變。

「同構」：把看似不同形式的東西，找到其背後相同的結構。例如用直角座標把代數和幾何連結起來。$y = 2x + 1$ 和平面上的一條直線，原本看似無關，我們

141

一旦建立了同構的關係，它們就可以說是同一個東西的不同形式了。

「投映」：把資訊投到容量比較小的空間，以便於掌握，並考慮過程中會失去什麼資訊。例如畫地圖。3D 的資訊投映到 2D，複雜的空間簡化成一些小圖示，都是資訊的喪失。我們透過設計過的資訊喪失而便於掌握，一目瞭然。

數學活動可以非常豐富，數學符號的抽象程度也比一般的程式碼更高，需要豐富的想像力去駕馭。

但是，想像就代表別人看不見。學數學的人無法用數學符號和沒學過的人溝通，因為沒學過的人看不懂那些符號，無法建立相同的想像。

一般的程式語言雖然沒有數學符號那麼抽象（有些較抽象的語言像 Haskell 是少見的例外，和純數學符號差不多抽象），但足夠嚴謹。因為夠嚴謹，所以程式碼足以將數學的想像化為具體可見的圖、可操作的物件。

由此，進入比較高深的數學領域的人，才能透過將想像具現化的方式，與沒學過的人溝通。

也是由此，學到一些抽象高深的數學領域的人才能將學到的知識做更廣、更好的應用，做出具體的作品，改善社會與創造價值。

許多家長可能覺得電腦程式很陌生，不知如何協助孩子學習，只好放著不管。

但是，當孩子小學畢業，進入國中，許多國中的青少年社交環境，不只是電玩遊戲而已，很多跟手機即時通訊如 line、網路社交網路如 facebook，還有一些我也沒聽過的玩意有關。

除了電玩成癮的問題在國高中甚至大學生上都為數

不少，青少年在網路社交平台上，直接分享色情網站的情況也是存在。

在國中的環境下，電腦和網路是隔絕不了的。有些被禁止的青少年就去網咖玩，結果更危險。

每個大人都曾經是青少年。青少年最需要的是陪伴，而不是禁止。有陪伴和良性的討論，就能避免陷阱，踏實地使用電腦和網路資源。

學習程式設計有助於發展使用電腦、手機的正確態度，因為一旦有當過設計者的經驗，都會瞭解其中的一切都是有人設計出來的。做為使用者，我們有比去陷入別人的設計中更有趣的事，就是自己來設計些什麼。

有設計者的經驗，就不容易成為耽溺的消費者。雖然不能完全避免碰觸到各種易成癮電玩和色情網站的可能性，但起碼不容易迷失，不易落入遊戲使人上癮的圈套，可以保有接觸的主體性，去觀摩研究它們的設計、去判斷哪些遊戲不宜沉迷、哪些網站違反道德和法律、哪些社交活動有潛在的風險。

要陪伴孩子，父母自己不一定要對數學或電腦多麼內行，其實單純當一個聆聽者、或是作品的使用者，都是很有意義的陪伴。

每個年代都有新的工具，像觸控手機、Ardwino 電路版、3D 印表機這些東西，我小時候也不存在。

但現在很多小學生就在使用、中小學生就在設計相關的作品。

大人或許可能比較不熟悉新工具，但是對於社會的瞭解、對於人生經驗的累積與承擔和智慧，都是給孩子很重要的支持和引領。

即使不熟悉工具，但是工具背後的理念和思維，卻

143

一定有很多可以對話和分享的。

踏實備考

許多考生很在意如何考出好成績，畢竟國中開始，孩子才真的面對影響升學和未來進路的大考。

我在帶家長成長課時，有位學員當過補教老師，她說她絕不送自己的孩子去補習。為什麼呢？

她分享自己的工作經驗，說自己待過的補習班，是透過大量的速度練習和解題訣竅來操練學生，也確實可以快速提升學生的段考成績，但也僅止於段考成績。到了大考，學生真正的程度就會露出來。補習三年跟沒補習的學生，大考考出來沒有明顯的差別。

過度依賴補習的話，還可能有副作用，青少年容易等著老師給「整理好的知識」、「方便的解法」，變得不會自己組織知識、不敢自己想方法解題、在休閒時間也不想再碰學科。

一言以蔽之，就是學習的主動性會降低、組織知識的能力也會降低。在大專階段、出社會後，學習的主動性和組織知識卻是關鍵性的重要能力。

在中學階段為了一點點的分數差距而犧牲了根本的能力，不是很可惜嗎？

主動性是最重要的。如果學習的過程能持續保持主動，就能累積和消化。

但是獨自面對知識、消化的過程很重要。

學而不思則惘，思而不學則殆。

學是從外而內，輸入新的知識和視野，思則需要獨自面對知識、自行探索。

理想的「學－思」時間比，大約是一比一，或者是

要能邊學邊思、邊學邊討論，學思並行。

在當前的教育制度下，學生在學校接收知識的時間太多，自行探索的時間太少。以每日清醒、有精神的時間來說，大約是四比一左右。

如果放學後又去安親班、補習班，這時「學－思」時間比，可能會變成八比一甚至十比一。

光是從時間比例，就可以看出為什麼許多學生覺得知識很難、學習很有壓力。因為還來不及消化吸收，就又接收到新的內容、就被要求回答題目。

回答題目時，心裡空虛不踏實，但又非回答不可，久而久之，也就失去了組織整理知識的能力，變成光從外在的成績來評量自己的學習了。

當然有些課後班可能也在進行打基礎的工作，採取比較合理的教學方式。但是在目前求成速效、強調「續班率」的市場趨勢下，大多數還是給學生整理好的知識、方便的解法，而不是協助學生主動思考、把想法深化、具體化。

也有一些教學者過度強調思考與討論，但沒有相對應的深化學習，變成小孩子各自發表意見，講完就算了。這樣就落入另一種極端。教育講究流動的平衡，走極端往往是危險的事。

對於家長來說，最大的問題或許在於：宣傳的文字，誰都可以寫得很漂亮。如果經費多的連鎖補習班，就像任何連鎖店一樣，可以做出很有質感、令人心動的廣告。

但是，家長如果自己沒有和孩子做知性互動的經驗，沒有自己去瞭解孩子的學習，單看廣告和孩子表面的成績變化，完全無法分辨補習班教法的好壞，也完全

無法分辨長期來看是否會有副作用。

只要保持開放、舒緩而真實的心，持續和孩子有踏實的知性互動，從中發現學習歷程的豐富與曲折，一定能成為孩子最好的協助者，也會成為孩子專屬的數學學習診斷家，能夠分辨學習資源，也能著手創造學習流動，或許未來還可以幫別人的忙。

前面提到短期和長期的學習成效，以及段考和大考的不同。很多家長以為段考好，大考就會好，其實段考和大考有非常大的不同。

段考測的是小範圍的熟練和速度，如果出題老師有意打擊學生的話，還會包括一些刻意製造、並不真的需要會做的「刁題」。

要在段考拿高分，一種方法是真的踏實理解掌握，但另一種方法更快見效，在小範圍內背公式、做題目，做得很熟。

這種方式表面上看起來很有效，題目來了不用多想就可以算出答案，段考分數就高了，可能比用第一種方法、正在組織理解中的同學，表面的分數還要高。

問題是，大考的範圍相當廣。小範圍的硬背硬算，在大範圍就不適用了。

我遇過用第二種方法的國中生，「每次段考成績都很高，但是大範圍的模擬考，分數就變得很低」，自己也不知道原因何在，後來經過一些基本觀念的問答，才知道原來自己很多「基本觀念」都不清楚，靠著背「題型」「公式」、一直寫「題目」的方法，沒有辦法記住大範圍。

基本觀念就像粽子頭，理解掌握了，就能連帶掌握住底子那些粽子；題型、公式、題目像個別的粽子，在

段考的範圍還可以兩手捧住那些粽子；在大考的範圍，甚至未來創新應用的更大範圍，就不能靠兩手捧住那麼多個別的粽子，一定要抓粽子頭，才能掌握知識。能掌握知識，才能進一步去活用於創意創新。

要抓住基本觀念的粽子頭，不可能靠著一般參考書中每單元一頁的「重點整理」辦到。那些「重點整理」也只是讓人硬背的公式，並沒有包括知識形成的原始問題、來龍去脈、美感與應用價值。

坊間的科普書籍，反而比較詳盡。

許多學生可能認為科普書太厚，三角函數的公式，在課本裡多麼薄、參考書中更薄，為何要花力氣去看厚得像《毛起來說三角》那樣的科普書？

同樣的，維基百科上的數學單元，脈絡也比一般參考書更詳細。可能是基於同樣的理由「好像字很多」，所以許多學生也不看維基百科。

事實上，字多並不是問題。你看小說時，會怕字太多嗎？

通常是不會，看得興起，長篇也可以一頁一頁讀下去，不會管字多字少。

數學知識，也是在科普書、維基百科以及其他比較有脈絡的資料中，才會讓人讀起來「看得興起」。

反過來，如果我們把金庸武俠小說《射鵰英雄傳》列成重點整理：

一，郭靖的絕招是降龍十八掌

二，黃蓉的絕招是打狗棒法

三，周伯通的絕招是空明拳

四，黃藥師的絕招是彈指神通

....

這樣列下去，還有人會想看嗎？

如果後面再配一推考題，去考你記不記得那些小說書中人物的絕招，想必大家都會煩躁生厭吧？

如果一開始接觸《射鵰英雄傳》是這種方式，恐怕大部份的人也不會有興趣想看原著了。

所以，數學的知識，就像一系列原本十分精彩的小說，在缺乏脈絡的教材中，被拆解得支離破碎，變造成令人生厭的樣子。這樣不只讓很多人學不會，更糟的是讓人以為「數學就是這樣」，阻絕了興趣，也就阻絕了許多認識真正數學的應用與美感的機緣。

不只數學，科學、古文經典、英文等重要學科，不知為何都有類似的問題。被考試的機器綁住後，就被拆解成一堆彼此無關的「重點」，要背、要考、就是不要你拿去做實際的應用、不要你去解決生活中實際的問題。

做為一個學習者，在這個背景下，可以怎麼辦呢？

我的建議是，去找真正的知識，每個學門都是人類投注數世代心血的累積，必有其奧妙，能讓人「看得興起」之處。如果沒有這樣的感覺，找別的學習資源試試看。找科普書、找維基百科試試看。

我以前高中時不喜歡化學，覺得要背一堆難背的東西，後來去找了兩本《化學通史》來看，發現跟課本的寫法完全不一樣，從古早人類的生活方式、如何在營火的餘燼中發現銅，如何鍛鐵，如何發明染料和火藥，如何發現燃燒的本質等等，簡直就像在看小說。書中當然

也有複雜的化學符號，但在這個脈絡下，化學就變得生動起來了。

那麼，如果能有真實的學習，也有興趣，但是回到考試現場還是考不好的話怎麼辦呢？這就需要一點點的應試技巧了。

考試和學習不同，它是限時的壓力情境。一般而言，限時的壓力情境，會讓人對於熟練的事做得更快，對於不熟練的事，則容易因為緊張而更難完成。

所以，在考前的準備目標之一，就是把範圍內的基礎知識和解題策略都弄懂、都練熟。

雖然是以熟練為目標，但是一開始就反覆操練是沒有好處的，要循序漸進。這是手順的問題，就像做菜一樣，不能還沒切菜就起鍋。我們一開始必須從概念的理解和生活的應用著手，才能從雜題中解放，掌握真正的核心。

具體步驟如下：

第一步，理解範圍內的知識，能說明原理，能推導公式，能解基礎的問題，不必能應付複雜刁鑽的變化，也還不必限時練速度。

第二步，做考古題，瞭解出題的方向，發展解題策略，並複習學過的知識，補起遺漏的環節。這裡不求快，但要求每一題都能解出來，如果卡住的話，問到懂為止。

第三步，限時練速度。大考時間多長，就給自己多長的時間，來解考古題。第一次做不完沒關係，在做到的地方畫一條線，其他留著當一般練習。下次換一份考古題做限時練速度，不要用同一份（因為做過一次答案就背起來了）。

第一步弄懂個七八成，就可以開始第二步。第二步感覺穩固不慌，有策略和條理，就可以開始第三步。

這個方法在段考的範圍不會有速效，但可以逐步累積實力，提高大考的成績。更重要的是讓自己在下一階段的學習，有比較好的基礎。

學習是持續的事，不是短跑。備考的時候，並不只是盲目追求提高考試成績，還要考慮到現在所學的有沒有完整消化，能不能成為下一階段學習的基礎。

否則，就算拚命考上前幾志願，進去之後卻跟不上，還不如踏實學習，讓自己考出來的成績都是真的理解、真的消化，而不是靠死記硬背或猜題的技巧。

如果在過度的考試壓力下，作息失常，進了第一志願，卻因為身心症而休學，那是很令人心疼的事。

所以，請把心放寬，把眼光放長吧。

對國中生來說，下一階段的學習是高中職的數學。例如：機率與統計、三角學、邏輯與集合、向量、微積分入門……

大部份高中職學生遇到的數學學習困難不外乎以下幾種，其中「國中基礎沒打好」是最常見的：

一，國中以下的基礎沒打好。

建議拿自由數學或其他學習平台上的學習地圖，用倒溯法找到自己需要補強的單元，每週除了學新的進度之外，花一些時間倒溯，回去複習需要補強的單元。

可以從離目前學習進度最接近的單元開始複習，這樣會比較有成就感。

例如，如果學校學到三角函數，就可以從國中的勾股定理和相似三角形開始複習。如果喜歡繪圖的話，也可以試畫一些透視法的圖，從中發現它和三角函數的關

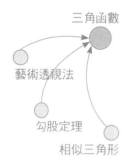

三角函數

藝術透視法

勾股定理

相似三角形

係。

二，課本、教材不好，動機喪失。建議多運用科普書和網路上的教材，找到讓自己有興趣的來龍去脈。

三，老師出題太刁難，努力也考不高。

建議不要放棄，也不要非拿多高的成績不可，自己去分辨每個章節的重點，基本題把握住，就可以一直累積。如果段考讓你挫折，去下載大考的考古題、SAT的考古題，你會比較有信心，瞭解到段考是老師出題出得太刁，不是你的錯。

四，老師本身觀念就不清楚，也不大會教。

建議把這本書送給老師。

五，同學的學習風氣太差。

如果連一兩個可以共學的同學都沒有，又不能出淤泥而不染，也難以改變班上的風氣，不如轉學或申請高中自學。目前在台灣，高中自學是合法的，而且也可以考大學。

六，被灌輸錯誤信念，以為「數學就是背公式、寫題目，背公式也背了、寫題目也寫了，成績還是不好，就一定是自己數學不好。」

這是最危險的情況。

我遇過這樣的學生，錯誤的信念沒有解除之前，就是陷入「背公式、寫題目、表現不好、再去背公式、寫題目」的循環中。

這很像希臘神話中的大巨人薛西弗斯，每天把石頭推上山，石頭又滾回山腳。

挫折之後更努力，但是力氣是用在同樣無效的學習方法上，結果就是努力之後更挫折，陷入惡性循環。

盡力而為，但是沒有找對方法，結果就是精疲力

盡。對數學的興趣和自信心也就在這樣重覆的挫折下煙消雲散了。

問他國中範圍還記得多少，他回答不知道；問他當前主題的基本概念是什麼，也不知道。

地基架空的情況下，狂背公式和寫題目，不僅無效，而且會愈弄愈迷糊。

我遇過這樣的學生，用了四次的會面，才診斷完所有先備知識的大洞，並改變學習信念與學習方法，而有正面的進展。

他幾乎有十一個國中單元需要從頭複習。先備的基礎如此，高中單元當然很難學會。但是，這個學生不聰明嗎？不，他夠聰明。他能理解、消化每個單元的基本概念，學會之後也能組織、也能解題。如果從他真正的程度從頭搭建起，他可以學得很好，一路學到克服當前卡住的單元。

所以，絕大部份的高中職生的數學困局都不是聰明才智的問題。這和爬山很像，如果沿著垂直的峭壁攻頂，除非是專家，否則很難爬；如果換條緩坡，大部分的人都可以慢慢走上山頂。

學習原本像是走緩坡，向上並不難；但是當落差愈來愈大時，就愈來愈像在爬峭壁。你可能不瞭解為何有些同學學起來很輕鬆，還以為是他們比較聰明。其實你也可以學得一樣輕鬆，因為這不是聰明才智的問題，而是先備知識和當前學習之間的落差的問題。

那些所謂的數理資優生也沒辦法跳過很多先備知識，直接去學高深的數學，就像那些登山專家不也是要在峭壁上打釘子嗎？每個釘子就是他的踏腳石，一步一步往上。如果沒有落腳之處，就很難往上爬了。

聰明才智只是爬山速度的快慢，但是能不能爬上去，主要是看先備知識夠不夠，也就是由地形、路況、起點和選擇的路徑而定。若是路徑適當，資質平平的人也可以學會三角函數與微積分。

數學的知識，先備後續的關係特別明顯，所以一定要把落腳處找好。發現學習困難的時候，不如想一想怎樣創造落腳處，讓自己的位置高一點。

但是，當前教育在進度方面最大的迷思就是同年紀的人，一定要學同樣的進度。不管先備知識足不足，到了高一就要學排列組合，到高二就要學三角函數和向量。

其實哪個單元放在哪一年，政府也是一直在改啊。二十年前，三角函數還是國中必修的單元呢！

不管三角函數放在哪一年級，先備知識足的人，就學得會；先備知識不足的人，就學不會。移到高一、高二，還是很多人學不會，主要原因就在這裡。

在學校的學習過程中，如果有落掉不扎實的單元，學校並不會回頭幫你補起來，結果就是造成先備知識和當前學習之間的落差愈來愈大。

每個學生應該拿到一張知識地圖，自己可以在上面做記號，瞭解自己哪裡會、哪裡不會。要是學校的進度所需的先備知識是自己不會的，就要有方法自己找到教材，自己找時間去把先備知識補起來，這樣就跟得上學校的課程了。

愈早開始這樣自主學習的過程，就愈不會和當前的進度脫節，也不必死背狂練，甚至還可以自行加深加廣學習的方向。

在網路上都可以找到地圖和教材。目前有很多從事「翻轉學習」嘗試的學習網站，而且都是免費的。這些網站日新又新，未來相信有更多更好的學習資源。

所謂的「翻轉學習」並不只是從實體翻到網路上，更重要的是從「被動」翻轉成「主動」。

這個主動不是像手持電視遙控器可以選台，也不是像看影片可以按暫停與倒轉。

這不是選擇的自由，而是整合與創造的自由，而這個自由是由空間所暗示的，也是透過改變空間而得以發揮的。

當人可以打造自己的學習流程、學習空間、學習方法，能自由尋找學習夥伴，避開志不同、道不同的人。那時，網路的資源才會是學習的寶庫，而不是欲望的陷阱。

處變不驚

· 在學習過程中碰到障礙，要用什麼態度面對？

· 如何克服障礙？

· 不要「快樂學習」，而是「樂在學習」

從學習風格談起

現代的教育研究者發現，每個人擅長的學習方式都各有不同。即使在同一個課堂上，每個人去掌握和理解的方法也不一樣。這就是每個人的學習風格。

學習風格有千百種，要細分有很多角度。每一種角度都是一個切面，幫助我們認識。就像瞎子摸象一樣，摸索一部份的真實。

每一位學習者都有獨特奧妙的學習風格。當今科學也未能探盡人類意識的奧祕，我們在互動現場又怎能輕易替人下定論呢？

教學關係中，兩方都像寓言故事裡的盲人，把握到某一部份，就根據那一部份來和對方互動。

如果抱持開放的心，相互學習、相互成長，就會愈來愈瞭解彼此。

如果太早被名詞和標籤給框限住，反而會阻礙進一步的認識。

因此，每一種工具都可以當參考，但不要輕易下論斷。

時時提醒自己：部份的真實並不是全部。往往在是互動中，愈來愈清楚。

有些學習者常跟著感受起伏。

感覺難過時，頭腦也無法去想；感覺驚嚇時，腦筋一片空白；背景聲音太吵鬧或背景畫面太雜亂時，就很難專心；處於大考的緊張氣氛中，容易焦慮不安。

事實上，我們每個人都有感受，也都會因為感受而影響思考。只是有些人這方面特別明顯，在教學上不容忽視。創造平和、自在、單純的學習情境，對於這樣的學習者是很必要的。

當孩子陷在強烈的感受時，教學者要先放下學習進度的壓力，把感受的部份關注好。關注不一定是要特別去照顧他，往往只要讓他能安靜下來，等感受沉澱了，就能專心回到學習的目標上。有些學習者很有想像力，喜歡想東想西。

想像的能力對於數學學習來說，通常是正面的。不過如果孩子太會想像，完全不需要落實，就可以得出結果，像解題完全不用寫過程，就可以直接寫答案的話，大人可能會失去瞭解他思路的機會。

而且，習慣以想像解決問題的孩子，往往遇到愈來愈龐大、愈來愈複雜的概念和問題時，會發現單靠想像是裝不下的，還是需要發展筆記、圖解的策略。但是因為之前不屑使用筆記和圖解，就造成要用的時候沒工具可用。

小學數學表現非常好而到中學遇到困難的學生，可能是屬於這一類。

預防問題的方法在於早一點讓他接觸龐大到不能單靠想像來做的問題，就可以早一些開始發展筆記和圖解的策略，把想像落實。

如果已經發生問題了，就要以協助發展筆記和圖解的策略為優先，來設定教學計畫。

有些學習者是行動派，先做再說。

這樣的學習者，不能要他上課從頭到尾都乖乖坐好聽講。他一定要有活動、有創作、有主動提問的機會，才會良好發展。

也有一些學習者喜歡靜靜觀察。他自己很少動手，光靠觀察就學會了。等輪到他動手的時候，他也做得出來。

帶這樣的學習者，就要避免太多的干擾和嘈雜的氣氛。在安靜集中的環境中，會比較能專心。

如何克服障礙

學習障礙（Learning Disability, LD）是什麼？要怎麼發現孩子有學習障礙呢？

最簡單的指標就是：當孩子肯努力，但是努力的進步非常有限時，可能就有神經生理上的特殊困難，需要適性方法來突破了。

有努力、但低成就；才智不錯，但低成就，通常都是學習障礙的指標。但是，不一定學障者就會低成就，如果找到合適的學習方法的話，成就還可能會非常高。所以成就高低不是唯一的指標，更要關注實際的學習歷程，在怎樣的情境下、用怎樣的方法時，能良好學習，

怎樣的情境與方法則難以學習。

一旦發現孩子有特殊的學習障礙，就不適合一直用一般的方法，勉強他做徒勞無功的努力，應該要陪伴他一起試出合適有效的學習策略，這樣才能夠讓他的努力，能恰如其分地反應到他的學習成就上。

學習障礙（LD）、注意力不集中（Attention Defect Disorder, ADD）、亞斯伯格症（Asperger syndrome），拜資訊普及之賜，這些特教名詞愈來愈廣為人知，也愈來愈多教學者意識到因材施教的必要。究竟什麼是學習障礙呢？其實每個人都有學習風格的差異，有比較容易學會和比較難學會的方式。

身處不同的學習環境時，有些差異會構成障礙，有時反而是優勢也說不定。

請想像這樣的情景：在課堂中，一位讀寫障礙的學生，拿著尺順利閱讀；一位符號障礙的學生，透過圖象的聯結看懂抽象的代數符號；一位易分心的學生，一面捏黏土，一面專心思考。

在真實的課堂中，我們往往有一些方法可以幫助所謂的特教生適性學習。

除非真的很嚴重，否則常見的特教困難都是可以在教學者的適度協助下，在一般的課堂良好學習的。

再想像這樣的情景：在雨淋的落地窗外，好奇的路人都成了讀寫障礙；在高等微積分的課堂上，數學系的學生都成了符號障礙；在隆隆的工廠聲中，所有人的注意力都無法集中。

一個擁有整體視覺的讀寫障礙生，在森林裡探索，可能會比一般人更加敏銳，更能觀察環境整體的變化；容易分心的學生，在多工同步處理許多事情時，反而會

比一般人更得心應手。

在適性的環境與節奏中，「差異」就不構成「障礙」，反而是「優勢」了。

總的來說，學習風格的差異，不一定會構成「障礙」。「學習障礙」之所以成為「障礙」，是人與情境互動不合的表現。

人、情境、互動，這三個因素構造了障礙。很多時候，人的特質很難改變，我們必須改變情境，或是人與情境之間的互動方式，來創造適性的學習狀態。

在適性的環境中，只有學習風格的差異（Learning Differences），沒有學習障礙（Learning Disabilities）。差異不構成障礙的課堂，就是無障礙課堂，這是實際上辦得到的。

對於慣用左手的人，拿到專給右利者的工具，就會有障礙，但是拿到專給左利者的工具，就沒有障礙。

坐輪椅的人，在沒有坡道的石階上，行動困難；盲人在沒有導盲磚和點字的地方，很難掌握環境；但是，當一個不懂手語的聽人，進到一群用手語交談的聽障人士之中，他反而會有溝通障礙。

既然障礙是人與情境互動不合的表現，而人的特質和大的環境都不是說改就能改變，通常事半功倍的方法，就是創造中介的工具。

外在的中介工具，例如肢障者的輪椅、視障者的枴杖、聽障者的助聽器等等。

內在的中介工具，則是一種習慣或知識，例如視障者的點字、聽障者的手語、注意力特殊者的注意力調配策略、學障者的個別化認知策略、意義取向者的聯想記憶策略等等。

159

如果我們把接受訊息的過程，大略依序排列如下表，就可以將常見的障礙分類並找到合宜的協助點。

在學習診斷的過程中，要關心、去瞭解學生的障礙所在和背後的特質，是很基本的事。

	內容	障礙舉例	工具舉例
感知	接受刺激	視障 聽障	輔具，點字輔具，手語
注意	篩選刺激	注意力不集中，過動症	多工習慣
知覺	辨識 對照經驗	讀寫障礙	對齊 意義化 遮住干擾
認知	意義化 組織 記憶	符號障礙 記憶障礙 聯想障礙 感覺統合失調	視野開展 組織策略
表現	表達 行動	表達障礙 求助障礙 拒絕障礙	反客為主

讀寫障礙生會有的讀寫困難，易分心學生會有的注意力困難，還有視覺風格生對圖形的敏銳以及被視覺雜訊干擾的現象，經驗多了，自然很快就能抓到線索。

對於家長和一般的老師來說，往往因為接觸的孩子數量比較少或是個別差異較小，所以可能不瞭解孩子特殊的學習風格，誤以為是孩子不努力或是不夠聰明。

因此，平常多讀認知、特教、心理方面的書籍，和實際經驗對照，會有更完整的認識，也可以避免閉門造

車的問題。

最簡單的原則還是：「當孩子肯努力，但是努力的進步非常有限時，可能就有神經生理上的特殊困難，需要適性方法來突破了。」

學習障礙的學生需要知、情、意的適性教育。在適性教育和陪伴之下，就可以逐漸克服並減少障礙。

反之，誤解和孤立，會讓他們愈來愈挫折。

在適性教育和陪伴之下，障礙會明顯減少，學習的成就會明顯增加，並不是因為學生的特質改變了，而是發展出適合的中介工具，讓學習風格的差異，不再構成障礙了。

對讀寫障礙的學生，拿尺壓住下一行字，是降低視覺干擾的方法之一。

又像是前面提到的黏土。對易分心、需要多工才能專注的學生，一面上課一面捏黏土可以既不干擾別人，又讓自己專心。

如果學生缺乏中介工具，在原先的環境中，障礙太大，而且可能被貼上「壞學生」的標籤，出現心理創傷和無效學習，那麼轉換環境是必要的。

要把握的原則是，轉換環境並不是為了逃避，而是爭取面對問題的時間和空間。不要待在折磨的環境，要找到、創造出一個支持性的環境，這原則不只對特教生，對任何想要好好學習的人，都是適用的。

孟母三遷的故事就是如此，當小孩對環境的影響還不大能分辨和篩選時，家長能不能找到、創造一個健康、溫暖、具真實挑戰性、適合發展的環境，就非常重要了。

許多家長迷信，小孩在學生時代要和多數人在一樣

的環境，長大才能適應社會。

但是，其實更重要的是，在學生時代有沒有發展出學習的能力、態度和中介的工具，那些才是帶著走的。

如果一般環境忽略了學生的學習需求，甚至岐視迫害他，那麼，為何還要迷信「隨大流」的想法呢？大流都要把孩子淹沒了，隨它還有何意義呢？

勇於切換環境，是勇敢面對問題的第一步；若強迫孩子留在明顯已經不適性、甚至不停在挫折他、卻沒有幫助他學習的環境，反而才是一種逃避吧。

近年來，在許多人的努力下，台灣在家自學合法化，讓家長除了選擇教育環境之外，還可以自己創造教育環境。

家長切換環境，除了轉學外，更可以捲起袖子，當小孩的老師，瞭解小孩的特質，活用資源、呼朋引伴，一起打造適性的教育環境。

「國民教育法」第四條第四款明訂「為保障學生學習權及家長教育選擇權，國民教育階段得辦理非學校型態實驗教育，其實驗內容、期程、範圍、申請條件與程序及其他相關事項之準則，由教育部會商直轄市、縣（市）政府後定之。」

非學校型態實驗教育，簡稱自學教育，就是家長呼朋引伴，一起教育孩子的方式。「不怕沒教室，客廳即教室」，「不怕沒學校，村莊即學校」，「不怕沒學區，社區即學區」。

不一定人人都適合這樣的自學之路，就像學校不一定適合所有人一樣。但是知道有這樣的路，父母就不必把力氣放在無奈和衝突，可以自己和朋友一起，著手創造。

什麼教育環境適合學生發展中介工具呢？融合教育好還是專門教育好呢？上學好，還是自學好呢？

其實，能做到因材施教、適性教學，才最重要。

融合班如果能做到因材施教、適性教學，就是好的。專門班也是一樣。自學也是一樣。

學生每天的學習，是開心的，是有成就感的，是有累積的，是有正向品格和態度，往未來的路是愈走愈寬的。

白天有活力，每一天都有專注的創造和喜悅的成長；晚上睡得好，平靜入夢。

這樣就是好的。

反之，如果上學上到胃痛、睡眠失調、上學焦慮、失去學習的樂趣，那就是警訊，代表需要協助和切換了。

在這一節結束之前，回顧一下自己的學習經驗吧。

哪些時候順利、哪些時候挫折。哪些時候快樂、哪些時候痛苦、哪些時候在辛苦努力中感受喜悅。

試著去回想每一階段的學習環境，當時你和環境的互動如何？

接下來，在這之中選擇一個正面的故事，是因為環境的改變，讓自己變得更順利、更快樂、更有自信、更能好好學習。把它們記錄在方格中。

試著感受自己的學習風格。怎樣學得好，怎樣學不來，把它們記錄在方格中。

再試著兩個環境的不同點，也把它們記錄在方格中。

再看看自己的記錄，你發現了什麼呢？

因環境而有正面改變的故事

我的學習風格

環境的不同點

如何趨吉避凶

學習風格的差異通常有其神經生理的先天因素，但是學習障礙通常是在學習的情境下，後天造成的。

在台灣，數學的學習過程尤其明顯。很多學生，在小學一年級還喜歡數學，到國中一年級就有點排斥，到高中一年級就厭惡它了。

這不是後天的嗎？

教師透過教學，在不自覺的情況下，製造出學生的障礙，或使原本並不嚴重的障礙惡化，這樣的情況屢見不鮮。

人們常以為學習愈多、學習時間愈長愈好，其實不然。以吃東西來為例子就很好理解：並不是吃愈多愈好，應該適量就好，而且要留有消化吸收的時間。

吃太多對身體反而是負擔，太嚴重則會反胃，學習也是一樣。學生主動的學習，通常會自我調節消化和休息；但是被安排的學習，往往會迫使學生超出負荷，呈現疲態和精神上的反胃。

這是量的部份。

質也是如此，食物中並不只有營養，尤其是味重色濃的加工食物，還含有許多有害物質，雖然不至於立即中毒，但是長期累積的話，可能會引發慢性病。

同樣的，教學並不只是在幫助學生學習，尤其是不適性的教學，在灌輸知識的同時，也訓練出許多不好的思考習慣。

家長對小孩都有愛，教師對學生都有關心。愛和關心如果用對地方，會很有力量；如果用錯地方，反而會製造出許多問題。

165

我們不難舉出一些例子，在習以為常的教學結構中，學生的主動思考如何被消磨。

老師若是過度要求孩子使用固定的算式，差一點點都不行，這反而阻礙了孩子表達的思路，造成後天的學習障礙。

老師若是要求孩子用標準解法和標準答案，又不容許他問到懂，就會造成摹仿而不思考，也就是死背。

老師若是要求孩子把解題過程的手稿都擦掉，只留下標準的算式和答案，就會打擊學生的自信心，並造成思想和表達的斷裂。

舉這些例子並不是為了批評，而是為了提醒：不要以為自己給的，就是學生需要的。考慮教學的作用時，也要考量它的副作用。

不管教學再適性，不可避免的副作用就是吃掉學生寶貴的自由時間，也就是他如果不上課，原本可以自由運用的時間。

如果大人把學生的時間表從週間排到週末、從早排到晚，不管課程的品質多高，也不可能守護思想的自由，因為學生根本沒有時間去運用他的自由。

自由時間有很大的意義。人們往往忽略它，但我認為，要評估教學的成效，看教學現場並不準，要看它對學生的自由時間有沒有影響，才最準確。

例如，這門課是否幫助學生在日常生活中，更能解決問題？是否幫助學生在自己念書的時候更有效率？是否幫助學生在學習其他知識時，更觸類旁通？是否幫助學生更清明，更能與自己、家庭、世界和好？

畢竟數學不只是計算。現代的計算機如此發達，只要能把問題列出正確的方程式，電腦解得比人腦更快、

更準。

但是，分析具體的問題，列出正確的方程式所需要的創造和判斷力，卻是人類獨有的。

所以，現代的數學教育目標，應該是培養學生的思考能力，讓他能夠活用計算機，而不是把他變成一台永遠不可能完美的計算機。

如果人只會計算，就一定會被計算機取代。計算的能力，應該視為解決問題的綜合能力之一環，給予恰如其分的注意即可。

想一想這個問題：「小明爬一段 12 公里的山路，以時速 3 公里上山，休息了 1 小時，再以時速 4 公里下山，請問整趟旅程的平均速率是多少？」

這個問題涉及的計算很簡單。但是，為什麼很多高年級學生不會呢？

因為許多小學生，在學習的過程中，被訓練成忽略自己對問題的原始想像，直接跳到算式去，同時面對許多數據時，當然就難以整合了。

如果我們把著眼點放在思考的能力而非機械運算的能力上，就會發現閒暇和自由的重要。

事實上，歷史上許多著名的數學家，都經過一段自己摸索的時間。

華羅庚先生（1910-1985）初中畢業，高中沒有念完就因經濟因素，回家中幫忙打點雜貨店，利用閒暇自學數學。

閒暇時間的作用非常大，因為那時人才可以好好跟自己的思想獨處、用自己的步調學習新知、自我整理與組織，而不是一直受別人的要求干擾。

牛頓著名的引力研究，也是在劍橋大學因黑死病而

停課時，在鄉間的田野環境中，在閒暇時完成的。

我認識一位學生，在高中數理資優班念了三年，後來以第一名上了台大數學系。

他的心得是，高中三年中，他的數學並沒有變好，反而變糟了。因為遇不到能交流思想的同儕和老師，卻有一堆煩人的考試。

數學老師不應自命不凡，以為學生的學習都靠他的課堂講述和指派的作業，其實並非如此。在沒有被監督的時候，往往是變化最大的時候。

所以，可以把教學視為一個引子，去引發學生的思考，讓學生舉一反三，而不是像寫程式那樣，每一步都去規範他。

教育應該像農業一樣去栽培，而不是像工業一樣去製造。要尊重學生的自由思考，和閒暇、不被監督的時間。

學習就像呼吸，有呼吸的節奏。

課堂就像一首曲子，有曲子的節奏。

教育是空間的藝術，也是時間的藝術。

「清醒、睡眠」節奏：清醒之後需要睡眠，充足的睡眠才能將前一天清醒時學到的事物組織起來。如果睡醒之後還是累，表示睡眠不足，應增加睡眠或是中午小睡片刻。

「集中、放鬆」節奏：集中精神之後需要放鬆，所以高密度的課堂之間應有空白的休息，個別進度的課堂應允許需要休息的人自由休息一下再繼續練功。

「活動、靜止」節奏：動態活動和靜態活動應該交替進行。一直坐著進行紙筆操練並不好，應融入遊戲、

勞作、實測、工藝或其他動態的活動。

「吸收、消化」節奏：吸收之後需要消化，所以教師不能急著一直給，要有適度的等待和觀察，並且透過學生遇到的問題給予精準的引導。

「學習、創造」節奏：學習之後要有創造，學習才會深化和活化。在數學課堂中，可以透過設計規則、研究策略、繪圖、舉例、教不會的人、自行出題等活動，來釋放創造力。

因為節奏的關係，我的一對一工作都是以「次」為單位，而不是以「小時」為單位。

這是因為教育是藝術，不是機械操作，如果同樣的教學成效，愈有效率來達成，當然愈好。

怎麼說呢？

精準的教學有時就像動手術，目標在達成，不在時間長短。就像切一個腫瘤一樣，如果不能根本切除，花多久都沒用，暫時好了之後還會復發。

如果兩位醫師都有本事根治，我想不會有人認為花較多時間的那位，技術比較好。

此外，手術中病患會失血。在精準的教學中，因為涉及深入的轉變，學生也會花不少心力。

如果學生的努力到一個程度，達成階段的突破，心力已經疲憊了，再教下去，副作用會大過正面的助益。

所以，每次教學需要的時間長短不一。即使約了一個半小時，也不一定是從頭教到尾，要看學生的心理能量。

如果是在晚上，學生的能量會更低。

近幾年我都會跟家長講晚上的缺點，也幾乎不在晚上排課。

心理學家做過研究，人到了晚上比較容易被動接受訊息，白天比較會主動思考。中西醫對睡眠也有一致的結論，也就是晚上入睡前應該放鬆，不應該從事太複雜的思考。睡前放鬆，讓睡眠品質和身心平衡好，才能有效組織白天學到的知識。

所以，思想自由的守護者在帶數學這種很需要主動思考的學門時，會儘量選在白天教學，讓學生透過主動的思考來學習。

我也遇過正派的數學教師，在傍晚授課的課堂。雖然課程本身有意思，但是學生的能量有點低，高密度的思考、實驗、討論、練習的節奏，還是會有些勉強。

但是，支配傾向的教學者會認為晚上最好，因為學生沒有力氣反抗，最聽話。

最著名的例子是希特勒（1889-1945）。希特勒常在晚上發表演說，不是沒有道理的。

現在還是有一些不正派的團體以心靈成長為名，在半夜開班授課。這樣違反了自然的生理時鐘，不宜加入。過長的補習也是一樣，是違反生理時鐘的。

守護思想的自由，就是讓人保有天性、良知和明辨是非、改善環境的能力。這和希特勒恰恰相反。

因為教育工作的方法雖多，基本態度只有兩種：一種是助人自由，一種是令人成為更聽話的奴隸。

違反生理時鐘，在學生疲累時從事教學，不可能啟發其創造力和主動性。這樣很難助人自由，多半是走到對立面，把人變成更聽話的奴隸了。

在教學的過程中，遇到不同方向的拉扯是很難過的事。

我協助過一些學習遇到挫折或是程度落後的學生逆

轉學習的困境，找到有效的學習方法，並有踏實的進步。

我也遇過有些家長帶著不切實際的期望來找我，像是希望能在每週一個時段的合作中，能快速逆轉三、四年的學習落差，達到「包治」的效果。

三、四年的學習落差當然能逆轉，但不是一蹴可及，也不能單靠老師，而是需要整個系統一起協力。

如果在學校的課堂持續受到挫折、或是持續被灌輸離真實起點太遠的內容，就很難重新點燃對數學的興趣。火苗一點起來就被澆熄，對教與學雙方，都是很挫折的事。

因此，移除學習的阻礙與拉扯，中止持續折磨人的不適性情境，才能從根本逆轉困境、根治問題。如果沒有整體系統的轉變，靠單一名教師一曝十寒，是沒辦法維持火苗，也無法逆轉困境，將被動學習轉成主動學習。

所以說，學習不是零散的組合，而是一個系統，系統內的各種因素彼此環環相扣。

如果人的探索方式是自由、主動的，在什麼領域的基調都是主動的。反之，如果是被壓迫的，在什麼領域的學習，都會是被動的。

如果平常的互動經驗，有百分之九十五是被壓迫的，只有百分之五是自由被尊重的，孩子很可能會在百分之五的時間，發洩被壓迫的壓力，變成失序、自私或破壞的行為。

但是，如果有百分之五十以上是自由被尊重的，他的主動性就可以良好發展。所以，關鍵在家庭。

看了互動八法，我想讀者也明白，尊重不是放任，

自由也不是沒有秩序。透過良性的互動，人的信心與能力才會茁壯。

因此，如果遇到大的困難，要根本的改善學習情況的話，一定要從整個系統的各個面向一起改變。

如果一切的系統環節都不改善，還是有百分之九十五的互動是被壓迫的情境，光靠一個百分之五的外力就達到「包治」，往往過度簡化了問題，不切實際。

畢竟老師也是人，不是神。人是靠著跟人合作，來成就奇蹟，不是獨立完成的。

這幾年的工作經驗，讓我愈來愈重視學習系統之間的相互關聯。也愈來愈確定一件事：奇蹟是靠合作才會發生的。

學習是一個整體，家庭、生活空間、同儕、學校、課後安排……各個環節環環相扣，可以相互搭配也可能產生拉扯。

整體系統的轉變，關鍵在家庭。因為替孩子創造環境、篩選支持系統的重大權柄握在父母手中。

在這一節結束之前，請回憶一個有副作用的教學例子，可能是你自己當學生的經驗，或是當老師的經驗。把它記在方格中。

想想看，怎麼樣降低，或是避免它的副作用呢？

如何快樂在學習

傳統的心理治療不足以克服學科學習上的恐懼症和困難，因為這個過程當中，最重要的不是釋放過去的感受，面對心理壓力。

雖然這些部份可能也是環節之一，但是最重要的還是：怎麼樣把學不會，變成學得會。

教學者：＿＿＿＿＿＿＿ 學習者：＿＿＿＿＿＿＿

教學主題：＿＿＿＿＿＿＿＿＿＿＿＿＿＿＿

教學的作用

教學的副作用

只要新的經驗是學得會，那個成就經驗就足以克服過去的挫敗感。

所以，不需要花太多力氣跟過去的殘影纏鬥，我們最重要的事情是要在新的學習經驗中，真實從起點出發，產生好的學習經驗。

講到好的學習經驗，我們一定要去分辨一下之前流行的所謂「快樂學習」。

我不主張快樂學習，我只講踏實學習、自主學習、樂在學習。

「樂在學習」和「快樂學習」有什麼不一樣呢？

「快樂學習」暗示「學習是一件痛苦的事」，所以我們得要加一點快樂來把它沖淡。好像學數學很不好玩，所以才要設計遊戲讓它變好玩一點。

但是，這影射了「學習是痛苦的」。

學生習慣了之後，就會表現出「你要給我點甜頭，我才肯學習。」「你非得給我快樂，我才肯學習」的樣子，這就偏掉了。

那麼，「樂在學習」有什麼不同呢？

「樂在學習」是說，你從「學會」這件事情本身當中，得到快樂。

學習、練習的過程不一定永遠是快樂的。有的時候很快樂，但是在遇到難關，苦苦思索的時候，可能一時會覺得痛苦。

孔子說「不憤不啟，不悱不發。舉一隅不以三隅反，則不復也。」

憤跟悱，都不是一件很快樂的事情啊。都像是在掙扎、在努力、在苦苦思索、探索嘗試那樣的活動。

學生若是有「學習是我主動的事」、「我是主動的」

這樣的認知，才有可能進行深入的教學。但如果讓學生覺得學習是為別人做的，「你要先給我點甜頭，我才肯學習」，這就完全偏掉了。

所以我們講「樂在學習」，不要講「快樂學習」。

二〇一一年，有幾位小學生跟我上了一年多的課，我與家長們也有了足夠的信任基礎之後，我提及家長成長課的構想。

在一番掙扎和勇氣之後，我們約了一學期的家長成長課，從實際的案例中，談怎麼陪小孩學數學，還有回溯自己的學習經驗。

經過那個學期的家長成長課，我發覺對小孩的學習幫助很大。

父母的態度改變了，就從有幫助也有阻礙的力量，一躍而成為比教師更大的助力，對學生整體學習產生非常大的幫助。

過了一年，我在住家附近的小學又帶了一次家長成長課。

過程中，父母們重新面對、克服自己的數學焦慮與恐懼，讓我非常感動。

之後，我就發展了家長成長課程，陸續在不同的地方，協助不同年紀的學生家長克服過去的數學經驗，發展親子數學 DIY 的知能。

我還遇過不少學齡前孩童的家長，在台北過度焦慮的氣氛中，受到親友長輩的壓力，要孩子背九九乘法、學珠心算、上全腦開發等課程。參與家長成長團體，瞭解了整個學習的進程和教育商品化的陷阱和過度特化的危險之後，他們決定放下這許多的焦慮和「課程安排」的思考方式，從自己的一手經驗，陪伴孩子，好好長

大。

家長放下了自己的焦慮，就能幫助孩子放下對數學學習的焦慮。

什麼是「數學焦慮」？看到題目就緊張、煩躁、麻木、腦子一片空白，本來會的都想不起來，陷入一片恐慌驚駭的感覺之中，完全無法行動。這就是數學焦慮。

通常數學焦慮是發生在面對陌生主題的時候，往往在時間壓力、同儕壓力或老師的壓力下，覺得非做不可，又害怕犯錯，所以進退兩難。嚴重時稱為恐慌。

我遇到學生有焦慮的情形時，通常會鼓勵他先去隨便試試看。先寫一點東西，猜猜看，試試看，畫畫看，錯了也無所謂。

只要開始動手動筆，往往就能打破進退兩難的困境，也提供給自己一些線索，可以從這些線索中，再去修正自己的解題策略。一旦專注在嘗試的過程，就可以放下進退兩難的驚慌，然後發現，其實問題沒有那麼難。

都不動手去做的話，待在問題外面，怎麼看它都是難的，不會變簡單。

焦慮是這樣放下的。那「數學恐懼症」呢？

數學恐懼症，是指連題目都還沒有真的遇到，只要一聽到數學，就覺得可怕。

焦慮和恐慌是壓力當下將人瞬間淹沒的感受，恐懼則是如影隨形的背景感受。

為什麼人對數學會有恐慌和恐懼呢？往往是因為類似的感受會被類似的經驗觸發。

人一出生就對世界充滿好奇；沒有人天生就討厭數

學。所有的數學焦慮和恐懼症，都是後天造成的，也可以後天來治癒。

如果要讓學生在遇到數學問題時，不再觸發許多負面的感受，一是覺察、尊重並告別過去不好的學習經驗，二是在新的經驗中，創造正面的陪伴、阻卻負面的刺激，也就是「拔苦」「予樂」，如是而已。

除了學生過去的學習經驗之外，另一個數學焦慮和數學恐懼症的來源就是父母對數學的恐懼。

把恐懼傳承給下一代，讓他們在遭遇危險之前，就能避開危險，這是一種生物本能。初生之犢不畏虎，看到父母害怕老虎，就會跟著害怕老虎，要是等到真的遇到老虎才學會害怕，那就太遲了。

所以，恐懼的主體從父母轉移到小孩。這種過程稱為「主體轉移」。

這原本是有益生存的本能，但是，在人類的學習經驗中，這種本能卻產生不理想的結果。

父母可能自己怕數學，卻希望小孩把數學學好，才能在充滿數量模式的社會立足。這種希望也是主體轉移。自己辦不到卻要求孩子辦到。

從孩子的角度，父母是有大能力的成人，連父母都怕的東西，他有什麼理由不怕呢？

所以，要幫助孩子克服數學恐懼，父母就要學著面對自己的數學恐懼。數學老師也是如此。

至少要能察覺自己什麼時候不自覺地把恐懼感染給小孩。覺察的時候，認清哪些恐懼屬於自己，不屬於小孩，回歸中心，反求諸己。這樣就能放下主體轉移，讓自己自由，也讓孩子自由。

具體來講，要怎麼開始呢？首先是改寫故事。

我們要改寫所有「數學不好」的假故事。因為事實上沒有人數學不好，只是自由的思想在學習過程中有沒有被守護茁壯。

例如，我們可以把「因為我數學不好，所以被國中老師打。」改寫為「因為我國中時遇到心理不平衡的數學老師，所以被打。」

「因為我笨，所以學不會，也考不好。」改寫成「因為我當年沒找到有效的學習方法，所以學不會，也考不好。」

請閉上眼睛，回顧自己的學習歷程。如果你有數學不好的錯覺，那是從哪裡開始的？

我猜是中學。因為我遇過的人，九成是從中學開始的。

我們要瞭解，學生喜歡數學或害怕數學，經過一番努力把數學學好或是努力也學不好，跟老師的教學有很大的關係。

回想自己的努力。你努力過嗎？

我猜有。因為我遇過的人，百分之百都努力過。

所以，現在試試改寫自己的故事。寫出你的努力和遇到的挫折。然後去覺察，你的數學原本是好的。所有覺得自己數學不好的印象，都是後天在考試、標準答案和不適性的教學下被植入的。

新的故事，請你自己來寫：

你發現了嗎？改寫之後通常才是真的。

重要的是，我們不再是無能為力的受害者。身為一個自由的成人，沒有考試和進度的壓力，我們可以陪在孩子身邊，用同樣的步調，重新經驗「數學」。

有的家長一聽到「數學」兩個字就頭痛，那就不要重新經驗「數學」，而是重新經驗一種全新的「思考遊戲」：觀察秩序、建立模式、解決問題和精準溝通。這樣好了。換個名字，重頭來過。

我遇到不只一位成人，在離開學校很久後，在家長成長團體中重新經驗到數學之美，體會到發現的樂趣。

我也曾聽說有其他在做成人數學教育的老師，致力於為成人重新創造美好的數學經驗。

對於數學焦慮和恐懼症，新的美好經驗是最佳的解藥。

因為，可怕的其實不是數學，而是以數學考試為手段的壓迫者。

記得有一次參加母乳聚會，有一位媽媽很擔心自己的孩子不吃飯，於是就強迫餵食，結果小孩更不喜歡吃飯。另一位有經驗的媽媽，則跟小孩說「吃飯是一種享受」，也不強迫。

結果跟小孩說「吃飯是一種享受」、也不強迫餵食的媽媽，說她的小孩不僅喜歡吃飯，而且遇到其他的媽媽說「我們來比賽，看誰先吃完！」的時候，還會回答：「吃飯是一種享受，為什麼要比賽？我不要比賽。」

同樣的道理，學習是一種享受，為什麼要焦慮？為什麼要比賽？為什麼要不停地考試、打成績？

在我的課堂上，已經很久沒給學生考試打成績了。

透過觀察他們解題的過程與感受，和主動性的方向與韌力，瞭解他們的程度和需要協助的點，比打成績更

精準踏實。

真的，要瞭解學生的程度，根本就不需要制式的紙筆考試。要幫助學生，也不需要打分數。想一想，你去看病時，醫生做診斷、開處方，還是幫你打一個分數，之後就不管你了呢？

我在當學生時，拿過不及格的成績，也拿過滿分；在當老師時，我完全知道怎麼出題，可以讓中上程度的學生考不及格，或是讓中下程度的學生拿八、九十分。

所以，後來我都鼓勵學生發展更多的自我認知。

「能不能清楚說明一個數學算則背後的原理？」「能不能清楚畫出一個數學概念？」「能不能舉出好的例子？」「針對錯誤的命題能不能舉出反例？」「針對不合理的題目，能不能看出它的問題？」

這些都比表面的分數更深入、也更踏實。而且，它們都不涉及對個人的褒貶。

給「表現」打分數，很容易讓學生覺得是在給「人」打分數。

分數低時，學生不會覺得是「我有一次的表現被老師否定」，而很可能是覺得「我不好」或是「我的數學不好」。這是非常危險的事！

認清了這點，我們來試著繼續回憶。

在你的回憶中，那些「數學」一詞聯想到的不愉快是來自壓迫的教師？是不斷的考試？是競爭的氣氛？是同儕的譏嘲？或是還沒學會就被硬逼解題的無助呢？

仔細去感覺，你會發現沒有一樣是來自數學本身。

確實沒有，對吧？壓力來自外加的東西。這些外加的東西綁架了數學，讓你失去真正認識數學的機會。

數學並不是考試和計算。數學是觀察秩序、建立模

式、解決問題和精準溝通。

既然你的小孩有勇氣去面對、去認識真正的數學，代表它並不真的能傷害你的小孩，當然也不會傷害你，那麼，你為何不在精神好的時候，和小孩一起嘗試思考呢？

要解決恐懼症，最直接的方法是在支持和陪伴下，重新建立新的正面經驗。

如果過去的經驗中，數學很難懂，那我們就要創造新的經驗，讓人感受到數學很好懂。

如果過去的經驗中，學數學是一直受挫，那我們就要創造新的經驗，讓人感受到努力就能成功。

這樣子，過不久，就可以拔苦予樂，重燃熱情。

當然，如果背景的學習環境太不適性，或是學生的程度落後太多，像是國一生只有小四的程度，落了三年，缺口無法很快補上時，在學校當然就是一直挫折。

這樣子靠單點的課程，一曝十寒，不能解決問題時，就必須要靠整體學習系統的調整，例如換到適材適性的環境，或是申請自學，用孩子的程度和步調去學習。

一般來說，如果落差沒那麼極端，對於診斷力足夠的數學教師來說，孩子的數學焦慮和恐懼症，都可以透過創造新的美好經驗來治癒，並不是太大的問題。

如果小孩怕分數，可以從果醬吐司和頭身人繪畫來玩，怕乘法表可以拿方格紙來手動建構乘法表，觀察秩序。

這些都相對容易。

如果是數學焦慮症的話，透過一些認知和情緒的自我覺察與調適，也不會太難克服。

但是，成人的部份就比較難了。

假如家長的數學恐懼強烈到讓他們不願意接觸數學，就會阻斷新的經驗，也就錯失了治癒的機會。

通常，這樣的父母會希望把孩子交給老師之後，小孩就變得又喜歡數學、數學又好。

但是，當小孩有新的學習，想回家分享時，父母又因為自己怕數學，不想聽數學有關的事，而不自覺地潑他冷水時，孩子的學習進展當然就有限了。

在學習方法和學習資源上，教師可以提供很多支援；但是在學習態度的心理層面，除了學生自己之外，影響最大的是父母，而不是教師。

教師要如何透過學習診斷的過程，讓父母瞭解此事，並協助父母去面對呢？只有把父母也當成有負面學習經驗的學生，用「小階梯」的方式陪伴他。

甚至要在教孩子的同時，安排一些回家作業，是和父母有關的互動，來間接創造新的經驗。

這些都比在課堂上直接教學生迂迴得多。

不過，身為一個教育工作者，要明白永遠都不只是針對孩子在工作，孩子和他的家庭是一直在一起的。和孩子合作，就一定要和家庭合作。

在中小學和幼兒的階段，更是如此。

家長不一定要重新學數學，只要態度上能放得開，不會把恐懼傳給小孩，就已經很了不起了。

如果願意重新學數學，那真是非常勇敢，非常了不起。

每次帶這樣的成長課，看到那麼認真學習數學和數學教學知能的大人，我都有充實的喜悅和深切的感動。

在這一節結束之前，請回憶一個自己成功克服恐懼

的經驗，不必跟數學有關。

如何逆轉困境

在我的教學經驗中，除了非常少數的特例，絕大部份數學遇到困難的學生都不是不努力，而是努力不得其法。

但是，哪些極少數不努力或不再努力的學生是怎麼回事呢？

不再努力的人裡頭，只有一小部份是有嚴重的心理困難和家庭動力問題，絕大部份的不努力，其實都經歷了多次的努力和挫折、努力和碰壁。

當努力多次也沒有用的時候，人會感到一種徒勞無功的無力感。為了節省力氣避免再度挫敗，為了維護意識的平靜，或是僅存的自尊心，人會進入一種退縮、不再努力、任人宰割的意識狀態。

當意識進入這種不想努力的狀態，就像埋入積雪中的種籽那樣，外力很難去介入。

為什麼難介入呢？

尚未發芽的種籽，有種皮保護，可以忍受惡劣的環境。但只要一探出頭，發了芽，就脆弱了。

不但脆弱，而且不能回頭，可見發芽需要多大的勇氣和信任。

要讓不想努力的意識再恢復努力的動力，就像要讓深埋雪中的種籽安心發芽一樣，需要比較完整的安全感，很小的階梯，以及一段有支持也有等待的時間。

在後天上，因為重覆徒勞無功的經驗所產生的無力感，在心理學上稱為「習得無力」（disempowerment）或是「習得無助」（learned helplessness）。

我克服恐懼的經驗，主題：＿＿＿＿＿

我從中學到了

我們先來看一下，在數學方面的習得無力，是怎樣的過程。

習得無力的過程，十之八九和兩種惡性學習循環有關：

「努力也學不會，學不會也得考試，考完了會被羞辱，並且被要求更努力，但是努力之後仍然學不會。」

「不知道學習的意義，問了也沒人認真回應，卻又被迫學習，但是學了之後仍然感覺不到意義。」

徒勞無功、無理受迫，這兩個循環的確很折磨人。

寫下這樣的循環是令人難過的事。不過這樣的循環確實發生在許多學生的身上，如果沒有解決，他們一直到出了社會之後，依然會殘留心中的陰影。那麼，要怎麼跳出這兩個無底旋渦呢？

要解決惡性循環，最直接的方法是建立新的正向循環。

教師可以透過教材教法的調整，協助學生，將「努力也學不會，學不會也要考，考完了還是學不會」的循環轉變為：

「努力就能學會，學扎實了才考試，考完了會被肯定，並且接受有效學習方法的指導，讓努力之後學得更好。」

教師也可以透過應用的體驗和歷史的探討協助學生，將「不知道學習的意義，問了也沒人認真回應，卻又被強迫要學，學了之後還是感覺不到意義」的循環轉變為：

「一開始不知道學習的意義，問老師之後，得到認真的回應，被有意義的主題打動而學習，學了之後愈來愈感覺到意義。」

越過了臨界點，啟動正向循環，就會愈來愈好。

從惡性循環到正向循環的過程有兩個要點：一是打破原本的惡性循環，二是創造新的正向循環。

這兩個要點缺一不可。至於先後順序，最好是同步進行，但可以先破後立。

如果原本的惡性循環太強，我遇過一位國中生，從小學中年級之後，數學學習就跟不上，之後完全脫節了。

在國中的課堂，不論老師的講解多詳細，由於先備知識不足，他幾乎什麼東西都學不到，養成了自我放棄的態度，逃避於幻想和電玩中。

在教學的過程，我可以創造出有意義的正向經驗，但是當原本的惡性循環沒有打破，他的「數學經驗」仍然是挫折遠大多成就，就無法轉成正向循環。

不僅如此，學生還會把他在惡性循環中累積的情緒帶到我這邊來釋放，把他對學校教學的挫折、憤怒和怨恨投射過來。

這是一種客體轉移的動力。由於不敢直接表達，所以轉向安全的人來發洩。

如果惡性循環已經打破，釋放的只是過去的情緒，那這樣的動力只是暫時的，可以包容、接納、同理和轉化，並不困難。

但是，如果強烈的惡性循環仍然存在，這種情緒的轉移會不斷重演，學生也無法靜下心來好好學習。

所以，在這種情況下，一定要打破惡性循環。

對國中小的學生來說，能否打破惡性循環，取決於家長的勇氣。如果家長不行動，支援的教師不論怎麼努力去創造正面經驗，畢竟時間比學校少太多，終將被一

曝十寒的惡性循環給抵消。

惡性循環的因子，來自學習環境。

目前台灣的體制教育沒有個別化的學習進度，也沒有沒有留級重讀的制度。對於程度嚴重脫節的學生，除非正好遇到能適性教學、數學底子又好的特教老師，否則環境無法提供他正向循環的機會。

輕微的障礙可以在原有的環境下處理，但如果惡化成嚴重的脫節，比較實際的方式是暫時離開原有的環境，尋求專業支援，來打破原本的惡性循環。

我曾經參與專門協助學生短期自學再返校的「自主培力學園」，與合作的老師們一起編織支持系統，協助各種原因下懼學、拒學的學生找到自己的優勢，克服學習和人際的障礙，建立正向循環。

在那幾年的教學中，我深深體會到，家庭是一個系統，孩子是家庭的鏡子，協助孩子就是協助一整個家庭。

協助學生建立正向循環的過程就像是在扶一棵倒木。一開始需要很大的力氣，等他自己站直後，還需要一些陪伴；等根扎穩了，他就能獨立而不恐懼了。

在我和朋友、前輩的經驗中，遇到過不少原本因為重覆徒勞無功而習得無力的學生，經過「打破原本的惡性循環，創造正向循環」的「培力」（empowerment）過程，重新找到自己的力量和學習的信心。

這中間，教師是從側面協助的關鍵助力，家庭的支持才是在背後支持的關鍵主力。

建立良性循環，要從親師協同開始。

家長有成長，小孩的轉變就有很明顯的飛躍。

後來我把數學教學知能帶到家長成長課中，分享給

家長時，能夠產生光帶學生很難達到的突破。

以前在「自主培力學園」任教時，學園的家長成長課是每週一次，所有家長都參加的。

可見培力的過程，家長的參與、一同成長是多麼重要。

要打破惡性循環，最主要取決於家長面對問題、重建環境的勇氣與智慧。當家長勇於面對時，環境的障礙就可以克服，小孩就會好轉。

在家自學蔚為風潮，家長負起教育的責任，學生負起自己的未來，是很真實可貴的承擔。

不過，並不是在家自學，就一定代表面對問題。

這要看家庭的態度而異。有些家庭是是完整的面對，也有些家庭一但離開學校自學，不用考試之後，就不碰數學了。

這樣並沒有解決問題。雖然比不斷重覆徒勞無功的惡性循環要好，但是長久下來還是可能會有所缺憾。

如果哪一天準備好了，開始重新建立新的正向循環，整體的學習才會徹底好轉。

許多成人參與數學相關的家長成長，都會提到以前的不良學習經驗所造成的缺憾。隨著新的、好的經驗出現，舊的、未解的疑惑得到解答，就發現原來數學有這麼有趣、美妙的面向。甚至「數學之美」四字脫口而出，讓我十分感動。

這一節的最後，請舉出自己學習經驗中一個正向循環的例子，和一個負向循環的例子。

雖然時光不能倒流，但是想像一下，那個負向循環要如何變成正向循環？

你準備好，將新的正向循環帶入目前的學習，重新

經驗一次嗎？

我的學習正向循環經驗，主題：＿＿＿＿＿＿＿

我的學習負向循環經驗，主題：＿＿＿＿＿＿＿

如何變成正向循環

如何看懂符號

! @ # $ % ^ & * (!)

請跟我念這些數字：驚埃井錢比黑且星左秩

!
@
#
$
%
^
&
*
(
!)

好，我們來看，要怎麼湊成 !) 呢？

! 和 (是一組

@ 和 * 是一組

呢？我們請這位小朋友來回答看看。不會？不會沒關係，老師告訴你，答案就是 &。

接下來，要考試囉：

第一題是直式

   ！ ＊

＋ @ #

─────

第二題是橫式：

! ^ － （ ＝？

第三題是文字題：「在埃棵樹上，各有黑隻小鳥，左邊的樹上飛了井隻到右邊，請問右邊現在有幾隻小鳥？兩邊的小鳥目前相差幾隻？」

你覺得如何？很荒唐嗎？

如果把數字寫成 1234 而不是 ! @ # $，你應該會舒服許多吧？

1	2	3	4	5	6	7	8	9	10
!	@	#	$	%	^	&	*	(	!)
驚	埃	井	錢	比	黑	且	星	左	秩

現在，請透過上面的對照表，算算上一頁的三個小題目吧。

算完之後，想像一下，如果沒有這張對照表，簡單的加減問題會變得多麼困難。

想像一下……

恭喜你，重新經驗到幼兒和低年級生面對阿拉伯數字時的困惑，也踏出了瞭解符號障礙的關鍵一步。

193

這些問題很難嗎？問題本身不難，是它的呈現方式讓人搞不懂。

廣泛地說，當你原本能夠理解某個概念或運算，卻被符號卡住而難以理解時，就是遇到了符號障礙。

$\div$ 除號　$\doteqdot$ 近似於　$\sqrt{}$ 平方根

π 圓周率　$\sum$ 加總　$\varnothing$ 空集合有時也代表角度

sin 正弦　cos 餘弦　$\bigoplus$ 直和

∞ 潛無窮　$\forall$ 對任意　$\exists$ 存在　Δ 差距

$\mathbf{M}$ 實無限大有時也代表很大的正整數　$\in$ 屬於　ε 微小的正實數有時也代表實無限小　$\dfrac{dy}{dx}$ 微分商

在數學中，為了精簡文句，常使用許多抽象的符號。每個符號背後的意涵都很豐富，濃縮在小小的符號中。

教師怎麼能期待，自己寫出的符號和學生讀到的符號有同樣的意義呢？

數學老師以前修高等微積分（公理化微積分）時，在點集拓樸的章節，光是把一句「S 是開集」寫成完整的邏輯語言，就代表了這麼長的一句話：

$$\forall_{a \in S} \quad \exists_{r \in \mathbb{R}>0} \quad \forall_{x \in B(a;r)} \quad x \in S$$

這句話，對一些人來講，可以想像成：

或轉譯成「S 中沒有一點是它的邊界」這樣的概念性語言。

對另一些人來說，

$$\forall \quad \exists \quad \forall \quad x \in S$$
$$a \in S \quad r \in r > 0 \quad x \in B(a; r)$$

則是完全無法想像，也無法轉譯的鬼畫符。

舉高微的例子，是想喚起數學老師的同理心。符號障礙不是只有特別的學生才會遇到，數學老師在大學時代幾乎也都遇過。

如果你有成功克服符號的經驗，不一定是在高微，或許在三角函數、解析幾何或更基礎的領域，曾經把乍看之下的鬼畫符變成能想像、能理解的概念，那麼，從經驗中取材來幫助學生，十之八九也會有效。

如果教師本身缺少克服符號障礙的經驗，最好是重新去學一些數學知識，先幫自己克服符號障礙，或至少重新學習準備要教的單元，確定弄懂再教，否則貿然進行的教學，對學生會是害多益少。

在現代社會中，充滿量化的數據，但是數據背後的意義，卻常常令人迷惑。

例如：80 分貝和 100 分貝差多少？

分貝的設定，是把聽力正常的人所能聽到的最小聲音設為 0 分貝，之後每增加 10 分貝等於強度增為 10 倍，增加 20 分貝等於強度增為增為 100 倍。

0 分貝	1
10 分貝	10
20 分貝	100
30 分貝	1,000
40 分貝	10,000
50 分貝	100,000
60 分貝	1,000,000
70 分貝	10,000,000
80 分貝	100,000,000
90 分貝	1,000,000,000
100 分貝	10,000,000,000

也就是說，分貝數是對度尺度，「加」會換成「乘」，每「增加」10分貝，代表聲音的強度「乘以」十倍。

增加20分貝時，聲音的強度其實是乘以100倍。

80分貝和100分貝，看起來只差20，其實放大了100倍。

再舉一個例子：國民平均所得高就代表大家都很富裕嗎？

平均所得的意思就是全部所得加起來，再除以總人數。平均所得高，有可能是少數人所得非常高，多數人所得很低的結果。

所以，不能只看平均所得，就判斷說大家都很富裕，還要看貧富差距才行。

連學費計算都有關係：

有些人過於強調「時數」，而忽略了那些時間之前和之後的「漣漪」。

如果是看長期的效驗，而非短暫的成績，精準的診斷與教學，將學生帶往「學如順水推舟」，比起持續在「學如逆水行舟」的掙扎中，更能產生根本的轉變。

因此，如果「漣漪」是深刻的、可以帶著走的，一堂課真正有效的「時數」絕不只是課堂的時間，還包括長期的學習方法、學習態度轉變。

例子舉完了，讓我們回到符號障礙的數學教學實務吧。

數學老師大都遇過一種情況，學生寫了很多練習，但是幾乎沒有進步。通常是因為他並沒有真的瞭解他在做的是什麼，所以也就無從累積。

舉例來說，一位國中生原本不懂18又3分之2是

多少，但是當助教畫一條直的數線（從上到下的數線，比較貼近經驗），標出 16, 17, 18, 19，再把 18 到 19 中間切三等份，他就會了。

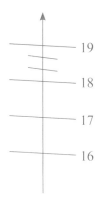

這是我以前在偏鄉當助教時，和部落少年互動的經驗。

以這位學生的例子來看，如果他不能掌握 18 又 3 分之 2 的量感，那麼一直練也沒有用。

他真正需要的不是反覆練習，而是一個符號與想像的連結，才能理解、掌握、感受。

練習要有效用，是第二步之後的事了。如果沒有符號與想像的連結，就一味要他練習，就像爐子沒開火，放多少菜都不會熟。

深入來說，要如何克服符號障礙、建立符號與想像的連結呢？

我從實務經驗歸納，發現符號障礙通常有三個部份：一是唸不出來，二是無法想像，三是缺少意義。

想像和意義比較好懂，我介紹一下「唸不出來」的問題。

唸不出來：許多人思考時腦中會出現說話的聲音，這稱為「心音」，和心像一樣，是一種思考的工具。如果符號或式子無法順暢地念出來，對習慣心音思考的人來，就會無法順暢思考。

數學名詞有許多外來語，認識原文固然重要，但是良好的譯名也非常重要。

清朝數學家李善蘭（1810-1882）譯創了許多獨具匠心的名詞，例如「變數」、「函數」、「多項式」、「級數」、「切線」、「法線」、「向量」、「微分」、「積分」、「細胞」、「植物」，才讓我們在能用中文流暢思考近代

197

數學與科學。

反觀現在大學課堂動不動就是：

「這兩個 group 中間有一個 isomorphism，還是只有 homomorphism？」

「如何證明一個 set 的 closure 就是 set 本身 union 它的 boundary？」

諸如此類的中英夾雜，非常怪異。除非專有名詞只有英文沒有中文，否則最好使用是同一語言的完整句子。

許多大學生從未被教導，這兩句話如何用完整的中文唸，也不知道如何用完整的英文唸：

「這兩個群之間有一個完整的同構，還是只有同構投影（同態）？」「如何證明一個集合的閉包，就是集合本身，聯上它的邊界？」

這樣不是通順很多嗎？

孔子說：「必也正名乎！名不正則言不順，言不順則事不成。」真是深刻的覺知。

接下來我們來看一些具體的例子。

例如：乘法公式 $(a + b)^2 = a^2 + 2ab + b^2$

一、如何唸出 $(a + b)^2 = a^2 + 2ab + b^2$？

依照手寫的順序，形成的手順讀法，是「（a 加 b）的平方，等於 a 平方，加 $2ab$，加 b 平方。」

依照意義，形成的意義讀法是「（a 加 b）乘以自己，等於 a 乘以自己，加上兩個 a 乘以 b，再加上 b 乘以自己。」

或是：「以（a 加 b）為邊長的正方形面積，等於以 a 為邊長的正方形面積，加上兩個以 a, b 為邊長的長方

形面積，再加上以 b 為邊長的正方形面積。」

不適當的讀法像是：「（a 加 b）二，等於 a 二加二 ab 加 b 二」

二、如何想像 $(a + b)^2 = a^2 + 2ab + b^2$ ？

這個例子中，如果觀念正確，想像都大同小異。就算表面不同，結構也會相同。

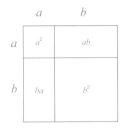

如果請學生把乘法公式 $(a + b)^2 = a^2 + 2ab + b^2$ 畫成圖時，他畫不出來，那就需要重新學習了。即使他會背公式，只要失落了想像，就需要重學。

三、有何意義：

意義來自關聯，每個人的學習經驗和組織方式很不一樣，會想到的關聯也會有很大的出入。

以下是我看到 $(a + b)^2$ 會產生的進一步意義聯想：

1. 化簡諸如 $2007^2 = ?$ 的計算

2. 推導 $(a - b)^2$ 的公式，化簡諸如 $1998^2 = ?$ 的計算

3. 推廣到二項式 $(a + b)^n$ 和賈憲三角

4. 推廣到二式齊次式 $(a + b + c \cdots)^2$

5. 示意圖可用來證明勾股定理

6. 拆解方式可延伸到尾數判斷的原理

7. 拆解方式可延伸到同餘對加法和乘法守恆的原理

如果學生針對某一概念，至少能想出兩條在數學架構或生活應用上，合理的關聯，那表示這概念對他有意義。我做了一張意義表，可以當作一個參考標準，當學生對於某個概念的意義聯想太少時，可能是什麼緣故，應如何處理。

這張表也可以用在教師自我診斷上。

199

意義聯想	現象	可能成因	處理方式
0 條	遺忘	走馬看花 無練習 超過程度太多	重頭學習 倒溯
1 條	無意義	死背算則 過度操練	想像重建 回歸原始問題
2～4 條	有些意義	真實學習	創造與應用 數學歷史探索 延伸學習 （可以練習教學）
5 條以上	很有意義	真實學習 再創造	（可以練習診斷）

要教一個概念之前，先拿張紙，記下從這概念出發的意義聯想，就可以知道需要再下多少功夫重新學習，才能做好完整的備課。

我認為，至少對自己要教的一個概念，要有加深加廣的二到四條連結，才適合從事專業的數學教學；至少要有五條連結，才適合做精準的學習診斷。不過這是職業標準，家庭 DIY 的話，參考就好，不一定要這麼嚴格。

我舉一個不算很成功的教學例子。

我在自主培力學園任教時，有一次主題是代數入門。為了讓代數變得比較生動自然，減少符號障礙，我設計了一個「外星數字」的小遊戲。

「外星數字」的遊戲是說，有一群外星人，用和我們不一樣的符號算數學。具體的活動，就是把算式中的

0－9換成符號（有點像這一節開頭的那些），用符號寫出一些完整的算式，讓大家分組解謎，觀察秩序，猜出那些符號各代表什麼數字。

學生們玩得很起勁，我自認為教學成功，也很高興。

但是，等到下一堂課，進入簡易的一元一次方程式時，問題就來了。

有幾位數學生很難接受方程式解出 16、25 等二位數的答案。「x 不就是代表一個數字嗎？怎麼會是兩個呢？」他們說。

後來我們都花了許多力氣，才澄清了代數方程式中的 x，代表的是一個「數量」，而不像外星數字遊戲那樣，只代表一個「數碼」。

數碼只是記錄數量的符號，和數量本身並不相同！

就像電話號碼，上面的數碼並不代表任何有大小的數量。

不經一事，不長一智。我從那次之後，終於把「數碼」和「數量」，在教學上分得一清二楚。

不過，我舉這個例子不只是想解釋數碼和數量，而是想說明，新概念的「第一印象」很重要。如果一開始的引導舉錯，後面要收拾就不容易了。

教師要引入一個新概念時，一開始的引導，要多下功夫。

你可以先想一個值得思考的問題來作為開頭。請注意，是值得思考的問題，不是呆板的題目，

例如，分數的概念，可以從比較這兩個相似的問題「把 10 個人平分成三組，每組幾人？」和「把 10 塊蛋糕平分給三個人吃，每個人吃幾塊？」當起點，帶孩子

分辨連續量和離散量的不同，自然產生出 1/3 的概念。

要不要設計好玩的遊戲在其次，更重要的是，要去瞭解新概念在數學體系上的定位，以及如何與學生目前的認知接軌。這部份看似困難，其實容易。只要先把自己當作從來沒有學過，重新學一遍，就能掌握了。

我自己在編形成性教材的單元時，幾乎都是用這個方法，先想像自己不會、沒學過，然後從頭把學習的過程記錄下來，並做適當的創造性留白，配上一些還不錯的習題，就完成了。

用這種方法一個大概唸差不多要準備一週左右。但是做過一次，以後就輕鬆多了。就像練太極的人講究的進程：先把鬆功練好，才能練好勁功。速度上是先慢後快。要慢到十分，才能快到十分。

乍看有點矛盾，其實很多事情都是如此。先慢慢體會、清楚各個細節，之後才能活用自如。

備課也是一樣，一開始不能求速成。要先慢，才能了了分明；之後才能加快，而不會輕浮或迷失。

重新學習、自我教育的備課過程，正如孔子講的「溫故知新」，能為你的箱子裝入新的寶石。

如果你的箱子裡大部份是沙子，當然就要花很多力氣才能找到寶石；如果你的箱子裡都是寶石，就可以臨機應變、信手拈來，不必花很多力氣去苦思有創意的教學活動了。

教師自己深入、完整、觸類旁通的學習是教學之本。備課的重心應在「學習、組織、再創造」。

談完了教師，我們回到學生。

學生的學習，正常來說，也是在「學習、組織、再創造」

例如學生會主動提問、會自己發明符號和速記塗鴉。

遇到學生自己發明符號和速記塗鴉時，壓迫式的教學就是叫他們全部擦掉。但那對思想的自由，是一種扭曲和摧殘。

我平常的態度是，不輕易改掉他們的自創符號和速記塗鴉，而要尊重他們、瞭解他們的想法，從中對話，並和當前數學慣用的符號，找到同構。

我遇過學生把負號寫在上面，而非左邊。

事實上也有數學家是把負號寫在下面。

我也遇過高明的數學老師把小數點點在個位的正下方，而非個位的右下方，來彰顯真正的對稱軸所在。

我自己則在等號的上方加數字，表示在不同階的無限貼近。

古代也有人把圓周率寫成類似 @ 的符號，而不是 π。這些另類的符號背後都有合理的意義。畢竟數學家也是在發明許多新的符號來表示他們的想法。

$\exists$ 是倒過來的 E，表示存在（there exists）

$\forall$ 是倒過來的 A，表示對任意（for any）

這些不都是人為的發明嗎？

為什麼小孩子就不行發明符號呢？當然可以。只要互相能溝通，能轉譯，當然可以。

尊重他們自己發明的符號，也讓他們瞭解通用的符號，以及兩者之間的找到同構、如何轉譯，才是正道。

尤其是畫箭頭作圖解題，有些小學老師會以為那是次等的，寫算式比較好。殊不知在高等數學中，箭號圖（Arrow Diagram）、樹狀圖（Tree Diagram）、文氏圖（Venn Diagram）等各式各樣的圖解，是非常有價值的

表達和理解工具，完全可以寫入正式的證明。

從人類左右腦的全腦開發來講，圖解能力和右腦有關，也和創造力有關。

那麼，不准學生圖解，或是只能保留算式、非把圖解擦掉不可的教學方式，對學生心智的副作用是相當值得顧慮的。

我們應該鼓勵圖解，自己也去研究怎樣的圖解更明白、更省力，和學生的圖解對話並找到同構，來引導他們發展更明白、更精緻更有力的圖解，才是正道。

這一節的最後，請考慮下面這個有點玄機的計算題。試試看一題只能寫算式，一題可以用圖解。

請比較看看。

做做看，感覺一下，兩種思維的不同在哪裡？

---

14 ＋ 18 ＋ 45 ＋ 72 ＋ 36 ＋ 15 ＝ ? 算式版

---

14 ＋ 18 ＋ 45 ＋ 72 ＋ 36 ＋ 15 ＝ ？圖解版

關於想像的領域，我想多談一些。

視覺是大腦相關的區域被激發的結果。心理學家研究，除了外在的影像之外，大腦自己激發視覺區，也會產生所謂的心像。

想像一下，前面有一個粉紅色的小圓球，在空中飄浮，看著它往左、住右，之後慢慢變大，大到跟一顆籃球差不多大。

這時，它突然爆炸，消失了，留下白色的煙霧縈繞不去。

這段話是否在你的腦中形成形像？雖然你的眼睛沒有看到粉紅色的球，卻好像看到了一樣？

如果心像失控，就是所謂的幻覺，是一種精神病理現象。幸好絕大部份的心像，都是我們可以自由控制

的。

可以控制的心像，一般稱為想像、幻想、心像或白日夢。

在數學的學習和思考中，心像的角色舉足輕重。

因為許許多多的數學物件是真實世界抽象化的產物，並不真的存在世上。

例如圓形，在肉眼所見的物體中，並沒有完美無缺的圓，多多少少有些凹凸；例如無限大和無限小，在感官所及的世界中，也沒有哪個東西是無限大或無限小。

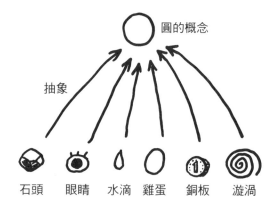

從許多具體的事物，抽去其表象，建立統攝它們的概念，這個過程便是所謂的「抽象」。

有句話說「有象才能抽象」，意思是建位新概念時，要以具體的經驗當基礎，經歷過抽象的過程，才會堅固。

如果沒有經歷抽象的過程，一個數學名詞就只是一個空洞的字眼而已，沒有對應到任何的事物，也無從想像。

要診斷學生是否對某個數學名詞（例如圓形）有所理解，有一種直接的方式，就是請他把聽到「圓形」的想像講出來或畫出來。

他可能會畫出大大小小的圓。

如果再問他：「生活中有哪些東西是圓的？」

他可能會舉出石頭、眼睛、水滴、雞蛋、銅板、旋渦等等。

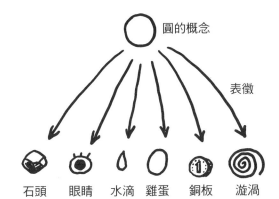

圓的概念

表徵

石頭　眼睛　水滴　雞蛋　銅板　漩渦

這種舉例、聯想，把抽象的概念對應回比較具體的事物，就稱為「表徵」。

為什麼說對應回「比較具體」而不說「具體」呢？因為抽象和具體並不是兩個層級，而是許許多多的層級。

每一層都是從它的下一層用「抽象」的骨架蓋起來的。站在九樓，往八樓走就是表徵，往十樓走就是抽象。

前幾層的抽象，在學齡前通常會從經驗中自然發展。

在嬰幼兒時期，透過各式各樣的經驗刺激，我們學到事物的守恆性，學到事物有顏色、形狀等屬性，學到事物隨時間而變化，認識到過去、現在、未來，我們學會分辨人臉、分辨方向，還認識到冷熱、高低落差以及它們的危險。

在七坐八爬和走跑跳躍的英雄旅程中，我們的身體

學到了速度、斜率、梯度等微積分的先備經驗，比腦袋早了十幾年。

生活中有許多要解決的問題，家事經驗豐富的話，學起數學來，比從不做家事的學生更容易學會，因為他的經驗庫比較豐富。

這讓我想到沒有必修課，由學生主動向老師邀約課程的瑟谷學校。瑟谷學校的書中有一個深具啟發意義的例子：

一群小學生從沒上過數學課，到了六年級，決定開始學數學，向老師提出邀約，組了一個小團體。

他們在一年的時間內，學完了小學一到六年級所有的數學課程，而且還學得很扎實。

他們是數學天才嗎？我想大概不是。

這樣的事情完全可以發生在資質平平的學生身上，不一定要是天才。

因為在看起來沒學數學那幾年，這些學生在生活經驗中累積了很多元素，並在其他領域體驗過觀察秩序、建立模式、解決問題和精準溝通。

所以，如孔子所說：「雖曰未學，吾必謂之學矣。」

具體經驗的地基寬廣，再往上抽象，就不是難事了。

反之，在升學主義的過度焦慮下，有些學生從小就接觸很多的符號，卻很少動手實作，沒有真正解決日常生活中大大小小問題的經驗。

這樣的學生，經驗的地基不夠寬，雖然很早就會數一二三、背乘法表，但是在學習中高年級的數學概念時，反而容易遇到障礙。

「不要在沙上蓋塔。」中低年級不熟數學符號沒關

係，晚點再學也不會太遲。但是生活要好好過，生活中的問題要去解決，因為經驗是從生活中累積的。

我認識一位住在偏鄉部落的小孩，因為家境的關係，從五六歲起，就要做許多家事，包括做出一家人的晚飯。她很好學，但是家中書很少、離圖書館也遠。

照一般的人想像，這位學生應該會被視為「學習資源不足」，就算再聰明，在這樣的環境也很難學好吧？

但是，她的學習表現、成績卻很好，還拿過全班第一名。為什麼呢？除了努力之外，正是因為生活經驗豐富。

在生活中動手操作、解決問題，就是很豐富的數學經驗來源。有了寬廣的地基，只要遇到能夠引入門的老師，就可以蓋出很漂亮的概念之塔。

高度是建立在寬度之上。每一個高層次的概念，都是從建立在許多低階的概念和具體的經驗之上。

所以，不要逼孩子強記抽象的符號，死背陌生的口訣吧！多從生活中找問題來一起解決，才是累積數學經驗的正道。

1/2 吐司

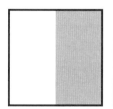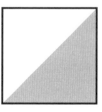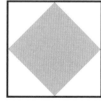

廚房是生活中的一大寶庫。不說別的，光是早餐塗的果醬麵包，就有很多花樣可以玩。拿果醬和小孩輪流設計「二分之一吐司」，有學習、有創作，欣賞完了，還可以把作品直接吃下肚，你看，數學多美味！

3/4 吐司

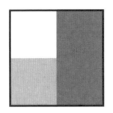

我們還可以多拿一種醬，比方說桔子醬，來把原來的作品，加工製作成四分之三吐司。

在這個四分之三吐司中，草莓醬佔二分之一的面積、桔子醬佔四分之一，白吐司佔四分之一。

小孩如果比較喜歡吃桔子醬，可能會吵著要更改比例，更改遊戲規則，於是遊戲可以一直變化。在遊戲的變化中，他的分數量感，也就隨著吐司和果醬自然成形了。

餐桌上的創造性數學遊戲還有很多，果醬吐司只是一個例子而已。

只要把握住兩個原則，就可以自己隨手發明出同樣好玩，或是更好玩的遊戲：

一、孩子能在遊戲中，主動設計、創造並吃掉其作品。

二、大人自己也覺得好玩，樂在其中。

這一節的最後，請發明一個跟製作食物有關的數學活動。

把流程、材料等備忘，寫進方格中。

接著，帶孩子或找大人動手試試看吧！

美味的數學活動，主題：_____

如何開展天賦

這一節談的是數學資優教育。等等，不要覺得這和你、你的孩子或你的學生無關。

我聽過一個例子，心理學家把兩班隨機的學生派給老師，騙老師說其中一班都是資優生。

結果，一學期下來，被貼「資優生」標籤的班級，學生課業表現，明顯比另一班好。雖然實驗一開始時，他們都沒什麼差別。

我也聽說有老師實驗，把主題探索、發現教學等資優生的課堂設計應用在一般生上，結果他們的智能表現都提升了。

我自己的教學中，也遇過學生從害怕數學到不害怕甚至喜歡，從落後到超前。所以，誰是資優生，誰不是，很難說。現在不是的人，未來也可能是。

讓我們都試著學習上述心理實驗過程的老師，把每一個學生都當作資優生，專注發現他們的優點和長才吧！

以這樣的態度，我們來看看數學資優生的教育課題。

「我都會算，但是不知道算這要幹嘛？」「上課好無聊！」這是許多數學資優生常有的反應。

在台灣，許多數學資優生，因為找不到學習數學的意義和熱情，被成人壓迫，把原本可以適性學習的時間拿去競逐成績，在狹小的範圍內鑽牛角尖。

許多老師和家長，對資優生常有一些錯誤的迷思：

一是資優生不管他，自己就會學得很好，所以不必花力氣去教育。

　　錯！資優生也是人，只是思考的速度、深度比較高一些。他們有能力跨比較大的步伐，但是不能一步登天。

　　以階梯來比喻的話，一般人走小階梯，資優生可以走大階梯。雖然他們會嫌小階梯太慢，但是如果落差太大，超過了學習能力，也可能會爬不上去。

　　所以，帶資優生也是一樣要在過和不及之間找到平衡。透過學習診斷，瞭解他的性向和能力，才好搭階梯。

　　況且，當學生對一個領域還沒深入前，還不清楚領域的脈絡和特性，也還不懂得治學的方法，就像登山沒有地圖和行前訓練，是很危險的。

　　所以，即使是資優生，在深入學習、形成踏實的品味和寬廣的視野之前，仍然需要好的引導，帶領他遨遊知識之海。

知識之海

資優生的認知潛能

課內範圍

第二個迷思，是資優生就一定每次考試都會拿高分。

錯！如果老師的教學方式或使用的教材，是他學不會的，考試當然不可能得高分。

對資優生來說，有可能嗎？當然！拿一個阿拉伯文的教材給台灣人，或拿一個大學的課本給小學生，或是拿那種幾乎沒有基本概念說明的參考書代替課本，就算他很資優，還是看不懂。一種是語文不通，一種是程度差太遠，一種是缺乏基本知識。

程度不要太遠，要走階梯；要學習基本知識、瞭解每個數學名詞的意義、每個公式和定理的推導過程，不要一頭鑽進狂寫雜題的牛角尖、捨本逐末，這道理並不難懂。

但是游森棚在《我的資優班》中，寫到他教建中數理資優班的時候，發現很多學生的學習方法有嚴重的錯誤，太偏重雜題習題，輕忽基本概念和基本定義，所以有一次考試故意只出基本的課本習題，結果那些建中資優生，反而有許多考不及格。

經過一番震撼教育之後，這群資優生才調整學習方法，願意回到基本的概念和定理，穩紮穩打。

這說明了高中數學，基本觀念、基本定義、基本的定理推導是很重要的。雜題反而是末節，不那麼重要。

國中小的數學也是這樣，只是一般考試方式的設計，讓狂寫雜題的人和基礎扎實的人一樣，也會有成績很高的表面成就罷了。

這些表面成就，有些人到高中就破功，有些人到大學才破功。到頭來還是得回到扎實的基本觀念。

但是，如果到大學才破功，發現學習方法不對，從

頭來過，是很辛苦的事，還不如從中小學，就建立「知其然，也要知其所以然」的理解習慣、合作學習的互助習慣、具體活用的手作習慣，從交流分享中培養組織和表達能力。

同時要避免死背、狂練。適度的練習有益，過量而反覆的練習就有害了。

我們現在來多看一些關於「看不懂」的情況。

先說沒有讀寫障礙的一般生，為何會看不懂課文和題目？

首先是某些教材編得太不自然。應用題難以想像，用語過度拗口，連大人讀起來都不順，如何能期望小孩看得懂？

第二種是沒有把文字繪成圖形的習慣，或是這習慣被不當的教學方法給壓制了。

一長串的文字題，通常是要一面讀，一面畫，把題意畫成自己能掌握的圖解，而不是直接列算式。

例如這道文字題：「上等茶葉與中等茶葉共 20 公斤，其中上等茶葉每公斤 1000 元，中等茶葉每公斤 600 元，混合後平均每公斤 750 元，請問各混合了幾公斤的上等茶與中等茶？」

請利用空白處，試著解解看吧！

我試著做過，不畫圖解還真的不大行，還是畫圖好做。

接著我們來再看「讀寫障礙」（Dislexia）。

有讀寫障礙的學生，不只是外文，連本國的語文都有可能看不懂，或看得很慢。

215

　　讀寫障礙和腦神經有關，簡單來說，是某些辨識符號和組織訊息的區域出了問題，以至於很難正確的組字和拆字，對於相似的符號，例如 p, b, d, q 也容易相互看錯，分辨不清。

　　試著讀一讀這句：「fo de ornot fo defhaf is a puestiou.」

　　這是摹擬英文讀寫障礙者眼中的：「to be or not to be, that is a question.」

　　這還只是一行字。如果上下行距太近，讀起來可能還會相互干擾。看看這個，你能讀出來嗎？

　　石室詩士施氏，嗜獅，誓食十獅。
　　氏時時適市視獅。
　　十時，適十獅適市。
　　是時，適施氏適市。
　　氏視是十獅，恃矢勢，使是十獅逝世。

　　這是視覺中上下行相互干擾的摹擬。原文為趙元任的〈施氏食獅史〉中的節錄：

　　石室詩士施氏，嗜獅，誓食十獅。
　　氏時時適市視獅。
　　十時，適十獅適市。
　　是時，適施氏適市。
　　氏視是十獅，恃矢勢，使是十獅逝世。

　　值得一提的是，中文是象形文字，和拼音文字的閱讀不盡相同，有些人的讀寫障礙只出現在一種語文，另一種文字讀起來就沒問題。

　　身為教學者，如果學生有讀寫障礙，在教材的搭配上要非常注意。行距要寬一點，字和符號的間距也要大一些，不要太擠。

　　密密麻麻的文字題，對讀寫障礙者是一大折磨，應該避免使用，以圖象化的題目、口頭問答、動手操作等評量方式，才能真正評量到學生的程度。這些都要靠自編教材來達成。

　　即使用的是現成的教材，至少也可以放大影印吧！再不然，也可以示範一些閱讀策略給學生吧！

　　動教材，協助學生建立閱讀策略，這是雙管齊下。

　　輔助閱讀的策略很多，例如拿尺蓋住下面一行，降低干擾，就是一個例子。

　　有學者研究過閱障者相關的最適字體、最適行距。不過我認為教學者還是要透過自己教學的試誤、實際觀察、與學生溝通討論，才能找到「最適合該名學生」的表現方式、認知策略、輔助工具。

　　讀寫障礙生若採取有效的閱讀策略，即使比較吃力，通常還是可以閱讀一般的教材。

　　「能讀，能寫，但是很吃力」這是有些讀寫障礙生沒有被發現障礙，或是被誤以為不專心或是笨，飽受挫折的原因之一。

　　閱障生通常都很聰明，但要是沒有發展有效閱讀策略，成績可能一直都不好。資優生若是成績一直都不好，很可能是和讀寫障礙有關。

　　如果沒有讀寫障礙，或是環境的不適，例如每天太遠的通勤使得睡眠不足、或是聽覺敏感遇到持續的噪音等等，資優生的成績應該都很好。

　　但是，成績好就夠了嗎？

　　數學資優有兩種表現，一種是學得快、反應快，一種是學得深、想得深。而且它們都是持續發展的，會因學習環境增強或減弱。

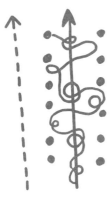

學的快　學的深

一般的考試，考不出「深度」。

就算是考了 100 分，也只是代表答題正確無誤，不能看出在範圍外的知識、還有對每個概念的掌握深度與相互聯結的組織能力、也看不出幫助別人學會時需要的脈絡建立與表達能力。

成績好的資優生，往往在「速度」方面受到過度的訓練，卻忽略了「深度」的發展。

但是人不是機器，「速度」並不是最重要的指標。文明的突進，最需要的不是快速解題，而是深思和洞見，以克服無人能解的難題。

還記得第一章提到的社會問題嗎？

如何讓失業的情況緩和？

如何避免核電場爆炸？

如何增加國家的糧食自給率，避免未來的糧荒？

如何減少土壤的毒化？

如何讓山林地的水土保持變好，減少土石流的危害？

石油終將用盡，怎麼辦？

如何守護尊重自由的生活，避免被高壓的政權宰制？

社會的大問題都很複雜，如果團隊中缺少有深思、洞見和創造性突破者，那麼「速度」再快，也還是不夠的。

在大的問題上，「深度思考」的重要性就突顯出來了。雖然一般學校的考試都不考「深度思考」，但是真實世界的各種問題往往都需要「深度思考」的能力，而不只靠速度和記憶而已。

但是，正因為學校不考深度思考，具有這方面潛能的學生，往往也被誤解和忽略。

具有「深度思考」潛力的學生，通常都很重視意義。他們不喜歡死記硬背，喜歡理解。不只要理解一個定理為什麼成立，還要瞭解它是怎麼來的，在歷史上的起源、在科技與生活上的應用、特殊情況和反例等等。

他們問問題喜歡舉一反三，常常讓大人招架不住。你教他一元一次方程式，他可以問到二元一次、一元二次甚至指數方程式。你教他負數，他可以問到無理數、虛數和有限數系。

如果學習環境中，忽略意義和邏輯，敷衍他們的提問，讓他們累積心中的疑惑得不到解決，這樣的學生會發展出很特別的學習障礙。

他們會懷疑自己的直覺和創造力，不敢提問，否定自己的洞察。久而久之，甚至會封閉住自己的天賦，以換取認同和安全。

其實，大部份的資優生，在數學學習中，經常視野受限、資源不足、被敷衍。

「誰把孩子教笨了」是《數學教學的藝術與實務》（林文生、鄔瑞香著）中的章名。看似聳動，其實點出了很深刻的質疑。

台灣的小學，數學資優生不少，但是到了中學，其中一部份會被考試卡住，目光如豆，去鑽分數牛角尖，而沒有適性發展；其中一部份會因為缺少同儕，寧可發展別的興趣；其中一部份，會因為沒有遇到懂得高等數學又對它有熱情的老師，而轉移到其他領域。

真的還保留興趣，到大學唸數學或應用數學系的人，許多又會在「高等微積分」重到重挫，而且完全沒

有機會知道，其實高微教的分析學，用嚴謹方式建構微積分的取徑，不是唯一的。

除了潛無窮也就是極限的取徑外，在 20 世紀已被研究出，可以用實無限來建構微積分，做出更簡單的證明。實無限取徑的分析學，稱為「非標準分析學」（Nonstandard Analysis）或「實無限分析學」。

它和一般高微課堂教的分析學平行，中間並有同構，也就是殊途同歸，但是基礎的思路很不一樣，足以作為一個擴充表徵、計算和圖解思考的方法。

我之所以略有接觸，是因為大學時突然想到「如果無限大的數字可以算加減乘除，會怎麼樣」？自己去試誤又去查資料，才發現原來有人已經建構了一整套這樣的數學系統，我在正課內卻一無所知，同學們亦然。

我想，之所以會被限制在課內，問題在學習的過程中，太少被鼓勵主動去探問，去找尋課本之外的知識。

但是，主動探索、不被課本範圍所限，是自學與自我視野開展的必要習慣。

「若被課本所限，你就註定無知了」，這句話不中聽，卻很中肯。

但是，當學生廣泛去找問題時，老師不一定能回答出來，怎麼辦？

大人常有個毛病：因為不願意承認自己答不出來，而去否定或敷衍小孩的提問，忽略了他們的學習需求。

有一個道理很簡單，只是很多老師不明白。

教師只是經驗老到的學習者，並不是神。不必高高在上，假裝全知全能。遇到學生提出不懂的問題，大可以一起去查資料，研究、討論。

如果學生提出老師懂，但是超出學生程度太多的東

西，老師可以跟他講個大概，並且把從他目前所學，到他所好奇的主題，中間的階梯畫出來給他看，讓學生有個概念，而不是拿「等以後就會學到了」這種話來敷衍他。

至於資優生的家長呢？其實，就算家長的數學不很好，還是可以幫助小孩學好數學，不需要覺得無能為力。

秘訣在於不要用「老師」的身分教他，而是用「共學者」的身分陪他一起學習。

甚至於，用「學生」的角度聽他分享、向他學習，對他的進步也會很有幫助。

資優生通常容易感覺孤獨，數學方面尤其如此。所以，能認真的聽他分享，向他學習，就已經是很大的鼓勵了。

就像你現在正認真讀著這本正言若反的數學教育書，對作者而言，就是很大的鼓勵了。

如果能付諸實踐，那就更令人感動了。

講了很多開展視野的需求，我們怎麼在課堂中開展視野呢？通常是透過對話。

以指數來說吧！一般教到「a 的 0 次方是 1」的時候，都是要學生用背的。比較好的老師會用推導的，去證明「a 的 0 次方是 1」。

但如果進一步去探討，其實「a 的 0 次方是 1」並不是一個需要證明的「定理」，而是「概念擴充、秩序保留」下的「合理規定」。

我們來看一段模擬的「視野開展式」教學對話：

221

生：請問 3 的 0 次方是多少？

師：0 個 3 乘起來？

生：是 0 嗎？

師：其實，如果照原本指數的意義，是沒有所謂「0 個 3 乘起來」也沒有「－1 個 3 乘起來」這種事。

生：所以是沒有意義囉？

師：對，原本是沒有意義，但是後來就有了意義。數學上常常會有把概念擴充、推廣的事。原本指數只有正整數，我們可以透過新的意義，讓它擴充到 0，－1，－2 等等。

師：我們來想想，如果 3 的 0 次方，原本沒有意義，現在我們要給它一個值，規定它是多少才合理？

生：什麼叫「合理」？

師：不能亂規定，要保留原本的秩序啊。（邊說邊畫圖）例如 3 的 3 次方是 27、3 的 2 次方是 9、3 的 1 次方是 3，你看這中間有什麼規律呢？

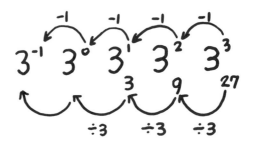

生：每次除以 3。

師：對。指數每減 1，結果都會除以 3。這就是秩序。

生：所以 3 的 0 次方是 1！3 除以 3 等於 1！對吧？

師：對。要保留秩序，這是「唯一合理的規定」。我想這樣 3 的－1 次方要怎麼訂，你也有概念了。

生：我想想……3分之1。

師：漂亮。

生：那0的0次方呢？

師：好問題。你把剛才的秩序照著畫畫看？

生：好。（邊說邊畫圖）例如0的3次方是0、0的2次方是0、0的1次方也是0，所以0的0次方也是0。

師：有道理。不過讓我們想想，0的－1次方，照剛才的推理，應該是0分之1吧？

生：沒錯。但是0分之1不存在。

師：0分之1雖然不存在，但是愈靠近0的正數，「它分之一」，也就是它的倒數會愈來愈大，還是愈來愈小呢？

生：嗯……愈來愈大。

師：沒錯，而且可以到無窮大。所以0分之1雖然不存在，但是如果從極限的角度，也可以想成是無窮大。

生：好，但是那跟0的0次方有什麼關係呢？

師：你看，1次方和－1次方互為倒數、2次方和－2次方互為倒數，0次方就像中間的鏡子，它和自己應該互為倒數。

生：所以……不管怎麼，0次方都是1？0的0次方也是1？

師：有些人是這麼規定的，為了保留剛才我說的「互為倒數」的秩序。不過，也有人把它當作沒有確定值的「不定式」。

生：為什麼呢？

師：因為如果有 $f(x)$，$g(x)$ 兩變數，如果在 x 趨近某數時，$f(x)$ 極限是0，$g(x)$ 的極限也是0，

我們並不能斷定 $h(x) = f(x)$ 的 $g(x)$ 次方，極限就是 1。

生：啥？

師：因為兩數趨近的速度可能不同啊。欸……指數的例子可能會用到微積分，我舉一個類似的例子好了：像「0 分之 0」就是一種不定式。

師：考慮 $f(x) = 2x, g(x) = x$。$h(x) = g(x)$ 分之 $f(x)$。

生：那 $h(x)$ 不就是一直是 2 嗎？

師：對，除了在 $x = 0$ 這點無意義外，$h(x)$ 就是一個常函數 2。所以當 x 趨近於 0 的時候，$h(x)$ 的極限還是 2。

生：的確……0 分之 0……卻不是 1。

師：從函數的觀點，0 的 0 次方也是無法確定的「不定式」；從倒數的秩序保留來看，0 的 0 可以規定為 1。

生：那不就有兩個答案？

師：應該說有兩種合理的規定方式。目前數學家也還沒有定論要使用哪一種，所以不同領域的數學家，可能會採用不用的規定。只要大家彼此能懂就好。

師：就像 0 是否屬於自然數？從數學史的發展來看，0 的概念很晚才出現，照理來說沒有那麼自然。但是集合論和計算機科學的研究者，認為 0 屬於自然數比較合宜。

生：所以其實這些都是人規定的？

師：對。不過不是亂來，都是保留某種秩序之下，合理規定的。就像我們剛才規定了 3 的 0 次方是 1 那樣。

像這樣視野開展的課，是屬於「互為主體」，而不再是「學生中心」。「互為主體」的意思是，老師有老師想分享的視野，學生有學生的好奇，這兩者相互搭配、相互尊重、相互合作。

開展視野的課程，也跟改變習慣有關。

工具能力的精熟，需要靠練習來建立習慣。但是，建立習慣的副作用是，思考失去彈性，遇到固定的問題，就套固定的程序，像電腦程式一樣，一遇到變化，就不知所措了。

要如何在精熟工具能力的同時，還保有彈性思考的能力以因應變化呢？

刻意改變習慣、檢視習慣，是很重要的。

例如，在「螳螂人算數」的主題中，學生透過研究六進位的系統，重新研究四則運算的原理。

對於精熟四則運算的學生，換成六進位是習慣的改變。

學生會發現，加法的進位不再是「湊十」，而是「湊六」；減法的借位也不再是「一換十」，而是「一換六」；「九九乘法表」也將被「五五乘法表」給取代。

透過習慣的改變，我們可以重新檢視和深化四則運算的原理。

例如，當習慣的「$3 \times 5 = 15$」，在六進位變成「$3 \times 5 = 23$」時，腦中知識系統的破與立，將會促使學生找到「數碼」表面之下，更基本的「數量」。

十進位中的 15 和六進位中的 23，其實是相同的「數量」，只是用不同的「數碼」來表現而已。

當學生共同完成一張「五五乘法表」的工具，以處理多位數的乘法問題時，他們經驗到的是「重新發現」

的創造、研究過程，而不是「被教導」的接收過程。

不僅如此，這樣的經驗也是「合作研究」的共榮過程，而不是「孤立解題」的脫困過程。

主動性和創造力，就是在「重新發現」的創造、研究過程中逐漸茁壯的。

數學的學習中，有建立習慣，也要有改變習慣、超越習慣，來與之平衡，才能往上達到第二層次的理解和第三層次的創造。

開展視野的課程，就是透過精選的引子，刺激學生去研究和重新發現有趣的道理，把重心放在改變習慣、檢視習慣和超越習慣。

在這一節的最後，請深入探索一個主題，例如：黃金比例。

去想想它是什麼？它的歷史是什麼？它的應用有哪些？相關的定理和證明為何？先備知識和延伸有哪些？⋯⋯還有其他你想到的問題⋯⋯

請把你在深入探索時想過的問題，記在方格中，再來記錄答案。以教學者的立場，記下問題，比記下答案更重要。

我的主題探索記錄，主題：_____

如何持續創造

前兩節都提到創造力。「人之異於禽獸者，幾希。」創造力是人相當獨特的天賦。

學習藝術的過程，要注意開發創造力，不僅只於摹仿。這觀念很多人都有。

在數學的學習上，也和藝術一樣，要注意開發創造力，不僅只於摹仿。遺憾的是，這觀念很多人都沒有。

數學的解題有很多種。好題的特性是實際、簡明、啟發。

一、實際：在物理、化學、工程、音律、武術、廚藝等實際應用上遇到的真正問題，或是能讓人往實際應用去思考的問題。

二、簡明：雖然解決的方式可能深奧，問題本身卻簡單合理，符合自然的好奇。

三、啟發：透過解決這個問題，可以產生新觀點，發展出新工具，有助於增廣視野，解決其他問題。

欠缺實際、簡明、啟發三者的題目，就是雜題或是刁題。

由於學習的時間有限，應該分配給好題，不必花力氣去鑽研雜題與刁題。遇到刁題，就算不會，留著不寫，也沒有損失。

學生常有「紙上的題目就非做出來不可」的焦慮。

其實，題目是人出的，有好有壞。就像自助餐廳的菜，不必全部吃下去，而是適量的選擇與吸收。

我們說選擇，並不是趨易避難，而是選有營養的題目，避免吃太多刁題和雜題，模糊了學習的焦點。

不自然的題目，讓學生像是掉入迷宮一樣，費盡心

思也只是在揣摩出題者設下的重重圈套，找尋那「唯一的捷徑」。

解完這種刁題之後，也只是一種解脫的輕鬆，毫無創造的成就感，也沒有學到新知的喜悅。

也難怪很多學生養成一眼看不出就放棄解題的習慣。既然解出來也不過是解脫的輕鬆，那放棄不也一樣是解脫？

真正自然的題目像一座山，可以從不同的角度去爬。每種角度會讓你看到不同的風景，得到不同的收穫。

去思考它是一種喜悅。對於有成功經驗的人，每次分享給別人聽又是一次喜悅。像是天方夜譚的奇妙故事，百聽不厭。

所以，如果要對學生的創造力有幫助，不應該要他們記一堆題型和破解的「招式」，而是要在幾個重要的問題上待久一些，從不同的角度去品嘗，建立起「品味」。

以勾股定理為例，也就是「平面上，直角三形形斜邊的平方，等於另外兩邊平方的總和」。

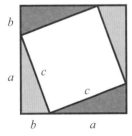 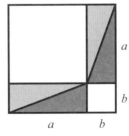

常見的證明是利用上圖中，兩片吐司烤焦的部份一樣大，所以沒烤焦的部份也一樣大。

這種證明的優點是比較簡單。缺點是，利用了太多額外的東西，超過問題本身的自然想像，不那麼直觀。

這是歐幾里德在《幾何原本》中使用的證明，用直觀的圖，配上巧妙的輔助線，把大正方形切成兩個長方形，透過證明烤焦的三角形和塗果醬的三角形全等，來證明同底等高的長方形與正方形面積相等。

這樣的證明方式，可以推廣到三角函數中的餘弦定理，但這需要的心像能力比較高，所以通常在課堂中，不是第一個介紹的證明方式，以免許多人看不懂。

這是我所知道，使用最少輔助線的證明方式，全部只用一條輔助線。

這是透過相似圖形的方式。因為下方條塗狀美乃滋的房屋形吐司、和左邊的烤焦房屋、右邊的果醬房屋彼此相似，而且美乃滋三角形，恰好是烤焦三角形和果醬三角形拼成的。

所以，把這個關係，乘上相似比，就得到美乃滋房屋的面積，等於烤焦房屋加上果醬房屋。把房屋都扣掉三角形，證明就完成了。

　　據說勾股定理的證明有上百種，還有專書討論。我所知有限，只舉三個我特別喜歡的方法，其他就不再多述。

　　這三個方法的背後是三種不同的視角。第一個是幾何代數的取徑；第二個是全等形取徑；第三個是相似形取徑。

　　勾股定理並不是唯一可以從多角度切入的主題。它的各種角度可以培養我們的品味。美中不足的是，我們要原創出證明方式，來處理這麼大的課題，恐怕不容易。就算辦得到，可能也不夠漂亮，因為漂亮的幾種方式已經在學習的過程中接觸過了。

　　從外面學過了，就不再能夠原創。

　　我們不能從頭原創出所有的數學知識，但是也不能從頭到尾都沒有經歷過原創。這中間的平衡很難拿捏。

　　我剛開始教學時的頭幾年，有時為求教學效率，沒有讓學生一直想下去，直接介入示範，通常我會表示歉意。因為當他還在思考，介入示範其實就是剝奪了寶貴的原創可能。後來就盡量不做無謂的介入，就算學生想偏了，也等他意識到困難，再行介入。

　　對主動性已經起來的學生，還可以等到他主動求助時，再行介入。不過還不習慣主動提問的學生，往往會用一些變相的方式發出求助訊息，有時會以鬧場的方式表達，或是相反的，悶著頭只是發呆。這些也是需要辨識的求助訊息。

　　在中小學的教學上，我認為比較可行的方式是：認真引介經典的問題，在過程中不要每一步都示範，保留一些環節給學生做原創性思考。

　　我在講解的時候常常故意停頓、留白或假裝一時想

不到下個步驟，就是為了引發學生的主動思考。

有一次，旁聽的家長看到我停頓，以為是「掛板」卡住了，很好心的說出下一步，結果引發學生思考的妙計，就破功了。

停頓裝傻，就是為了引發學生「好心的說出下一步」。說穿了，就這麼簡單。讀者可以試試看，偶而裝傻，真的很不錯。

幾年前和佳仁老師與社群朋友們合作編創〈自由數學〉的系列教材時，也把講解時的創造性留白寫進了教材。別人乍看之下容易以為那是填空題。

其實，那不是填空題，是創造性留白。

為什麼這套教材叫「形成性教材」？概念形成的過程一定包含主動思考，否則只是印象，不是概念。

學生在使用教材的過程中，並不是被動的接收，而能保持主動的思考，所以叫「形成性教材」。

竅門之一，就在創造性留白。

教材中有創造性留白，教學時亦然。

後來我發現，教學時除了刻意裝傻外，有時真的想不到也沒有關係，從頭推導就好。雖然從頭推導會多花一點時間，但是學生可以觀摹到，有經驗的解題者是怎麼從頭去處理一個不知道答案的問題。

這很重要。

如果老師在備課時套好全部的招，那麼學生只看得到老師的表演，看不到老師的解題思路，也就是整個心路歷程，即情緒的調適、思路的建構和逐步搭建的停頓與跳躍。

對我來說，讓學生能看到完整的心路歷程，是很重要的事，後來備課時，時常就捨棄掉不必要的劇本（教

案）和套招，只是準備好能量、主題、材料和開頭的引子，其他就交給當下。

透過經典的問題幫助學生建立品味，並且提供大量沒有標準答案的問題，讓他們能從頭到尾，盡情發揮創造力。

什麼是沒有標準答案的問題呢？有很多，例如玩牌類、棋類和桌上遊戲時的各種策略。

我們舉生活的例子會更明顯。

例如，要如何擺出一盤好看又好吃的水果沙拉盤？

這是藝術問題，沒有標準答案，但是數學在裡面有沒有作用呢？有！

對稱、交錯的秩序、漸層、弧與角、盤子的面積、材料的長度、水漬的流向……都可以用數學模型去探討。嚴格來說，是物理模型。

在中小學的教育中，物理和數學其實是密不可分的。物理學是「自然哲學的數學原理」，對於從具體經驗建構抽象知識的學生來說，能從自然的秩序中找到可以把握的規律，是何其有趣的事！

以力學為例，行住坐臥、鍋碗瓢盆、菜刀門把，其實都可以用力學的角度來分析，這對保健身心、活用工具和武術的學習都有幫助。

在教學中，「如何測量一棵樹的高度？」「估計不同容器的相對容量？」這一類估測的活動，通常都很有意思。

學生也喜歡和老師合作，而不是被支配。「一起解決大家都不知答案的問題」，而不是一直被動地「解老師出的題目」。

除了合作解題，共同創作是更好的過程，作品保留

233

下來還有紀念價值。

左面的圖是用 Tess 繪圖軟體畫的，運用不同的對稱群製圖。很適合在一對一的教學時，共同創作。

Tess 是一個教學用的免費軟體。繪圖者可以自訂使用的對稱群，然後畫畫。程式會依照你選的對稱群自動複製你的畫。

特別在一對一教學，輪流繪畫是很酷的教學設計。

一般課堂不容易有一對一情境，但是親子互動就比較多空間。有些比較適合一對一的活動，其實在家裡做比在課堂上，條件和時間更充裕。玩 Tess 就是一例。

最近幾年 MIT 開發了一套用拼圖的方式寫程式的語言，叫 Scratch，很適合 8 歲以上的小孩學習程式設計入門。它可以讓你很快的做出有趣的小遊戲，並上網分享。

不幸的是，我聽說有的 Scratch 教學課堂，就是老師說一步學生跟著做一步，作品也幾乎是老師預先設計好的，學生體會不到自己設計的成就感，興趣當然也就缺缺。

如果是在一對一情境，就可以比較細緻的瞭解每個環節，並共同設計。

左圖是用 Scratch 自製的小遊戲，控制大章魚保護小章魚，噴墨汁跟鯊魚對抗。

這樣的小遊戲兩小時左右就可以完成，如果把一部份在家打電動的時間，換成在家設計電動，不是更有主動性嗎？

我採訪過比我大幾歲的資訊工作者，在他們小時候，根本沒有所謂的電腦遊戲，要玩電腦遊戲，就得自己寫！

現代社會，由於量產的關係，人家設計好幾年的東西，只要付錢就可以在一秒鐘買到。現成的東西很多，但是這反而容易讓小孩子失去主動設計的動機，也不瞭解「設計」這件事會經過的心路歷程。

小孩常用父母的錢來消費以為理所當然，吃好的，穿好的，卻不瞭解每一個生產和服務背後需要花多少的努力。

現代社會供需之間，經過那麼多的中介，就像吃到的食物，和種植、飼養與運輸、保存、批發、加工、調味⋯⋯一連串的關係，都不容易被意識到的。

但是，只要小孩子有創作的習慣，就比較能體會創作的心情和需要的努力，也比較不會凡事都以消費者的眼光來看待。

畢竟當成年後，終究要站在創造者的位置，為自己、為他人、為世界創造些什麼，才能在社會中，安身立命，與人分享。

如果陪孩子從頭體會創造和設計的成就感，站在設計者而不只是消費者的角度來看待事物，主動創作、建立自己與作品的關係，他就可以帶著尊重和欣賞，去看待眼前別人的作品了。

最後，我們來試著做個練習：設計創造性的數學教學活動。

原則是：在廚藝、美術、勞作等創造活動中，明確運用到物理與數學。

也就是說，不是單純的勞作，而要有對應的物理與數學概念。人類對自然界數學秩序的研究，就是物理。「格物致知」可以從物理著手。

235

這部份，往往我們習焉而不察，其實一直有用到，卻沒有意識到。我們不需要特別去變什麼新花樣，掃地、煮菜、洗手、澆花、爬樹、丟球……，深入去探索，都有美妙的數學秩序。

延伸學習

* 維基百科：http://zh.wikipedia.org/
* 自由數學：http://math.alearn.org.tw
* 自學數學團：https://www.facebook.com/groups/156709241062806/
* 新手學程式：http://code.org/learn
* 1Know.net 翻轉學習平台：http://1know.net/
* Khan Academy 可汗學院：https://www.khanacademy.org/
* 均一教育平台：http://www.junyiacademy.org/

綠蠹魚 YLI005

跟孩子一起玩數學

作者／唐宗浩
副總編輯／吳家恆
編輯／劉佳奇
內頁繪圖／李　原
封面設計／林秀穗

━━━━━━━━━━━━━━━━━━━

發行人／王榮文
出版發行／遠流出版事業股份有限公司
地址：臺北市南昌路二段 81 號 6 樓
電話：（02）2392-6899
傳真：（02）2392-6658
郵撥：0189456-1

━━━━━━━━━━━━━━━━━━━

著作權顧問／蕭雄淋律師
排版／中原造像股份有限公司
2015 年 9 月 1 日　初版一刷
2019 年 8 月 16 日　初版三刷
新台幣定價 280 元（缺頁或破損的書，請寄回更換）

━━━━━━━━━━━━━━━━━━━

版權所有 翻印必究　Printed in Taiwan
ISBN：978-957-32-7690-6

YL■■遠流博識網

http://www.ylib.com
E-mail: ylib @ yuanliou.ylib.com.tw

國家圖書館出版品預行編目資料

跟孩子一起玩數學 / 唐宗浩著 . -- 初版 . --
　臺北市 : 遠流 , 2015.09
　　面 ；　公分 . -- (綠蠹魚 ; YLI005)

　ISBN 978-957-32-7690-6(平裝)

　1. 數學

310　　　　　　　　　　　　104015221